高职高专"十二五"规划教材

液 压 技 术

主　编　刘敏丽
副主编　张庭祥　高桂云

北京

冶金工业出版社

2010

内 容 提 要

本书以"任务驱动"组织安排内容。全书共分五个学习情境：液压技术认知、液压元件使用与维护、液压基本回路识读、液压传动系统分析、液压系统使用与维护，每个学习情境又分解成若干个具体任务，通过任务完成的过程，使学生掌握液压基本知识和技能。

本书内容力求少而精，紧密结合生产实际，既考虑了知识的系统性，又考虑了学生对技能知识的需求，重点突出冶金行业的特点，有很强的针对性。为便于读者加深理解和学用结合，各学习情境均配有复习思考题。

本书为高职高专教材，也可作为职业教育培训教材，还可以供工程技术人员参考。

图书在版编目（CIP）数据

液压技术 / 刘敏丽主编. —北京：冶金工业出版社，2010.11

高职高专"十二五"规划教材
ISBN 978-7-5024-5378-7

Ⅰ.①液… Ⅱ.①刘… Ⅲ.①液压技术—高等学校：技术学校—教材 Ⅳ.①TH137

中国版本图书馆 CIP 数据核字（2010）第 198322 号

出 版 人　曹胜利
地　　址　北京北河沿大街嵩祝院北巷 39 号，邮编 100009
电　　话　(010)64027926　电子信箱　yjcbs@cnmip.com.cn
责任编辑　陈慰萍　美术编辑　李　新　版式设计　葛新霞
责任校对　刘　倩　责任印制　张祺鑫
ISBN 978-7-5024-5378-7
北京百善印刷厂印刷；冶金工业出版社发行；各地新华书店经销
2010 年 11 月第 1 版，2010 年 11 月第 1 次印刷
787 mm×1092 mm　1/16；12.75 印张；304 千字；195 页
26.00 元

冶金工业出版社发行部　电话：(010)64044283　传真：(010)64027893
冶金书店　地址：北京东四西大街 46 号(100010)　电话：(010)65289081(兼传真)
（本书如有印装质量问题，本社发行部负责退换）

前　言

　　本书是编者根据教育部高职高专人才培养目标和学生应具备的知识、能力和素质等方面的要求，在总结近年教学改革和课程建设的经验及征求相关企业工程技术人员意见的基础上编写而成的。

　　本书坚持以学生为主体，把提高学生的技术应用能力放在首位，同时兼顾了现场技术人员的使用。在本书编写过程中，编者以"任务驱动"原则组织内容，以若干个具体任务为中心，通过任务完成的过程，讲解液压基本知识和技能，使学生理解和掌握液压传动常用的基本概念和参数，液压泵、液压阀、液压缸、液压马达及液压辅助元件的工作原理和基本结构以及维护与修理，培养识读液压系统图以及液压系统的安装、调试与运转维护的有关技能。此外，通过任务完成的过程，还可以培养学生提出问题、分析问题、解决问题的综合能力。

　　本书内容遵循"精简、综合、够用"的原则，打破以知识传授为主要特征的传统教学模式，形式上以模块、项目和任务取代传统的章、节，按照工作任务组织课程内容，让学生在完成具体任务的过程中学习相关知识，训练职业技能。在理论知识选取上主要依据工作任务完成的需要，并考虑可持续发展，通过整合、更新教学内容，体现"实际、使用、实践"的原则，使理论与实践紧密联系，提高学生的实际运用能力。力求使本教材适应高职高专教育的需要，较好地体现高职高专教育的特点与特色。

　　书中学习情境1和学习情境2由内蒙古机电职业技术学院刘敏丽编写；学习情境3由内蒙古机电职业技术学院高桂云编写；学习情境4由山西工程职业学院张庭祥编写；学习情境5由邢台职业技术学院黄丽颖编写；附录由济源职业技术学院牛海云编写。本书由内蒙古机电职业技术学院刘敏丽任主编，张庭祥、高桂云任副主编。

　　河北工业职业技术学院袁建路教授、包头钢铁集团公司李海滨高级工程师对本书初稿进行了细致的审阅，提出了许多宝贵意见，在此表示感谢。

　　由于编者水平有限，书中谬误和疏漏之处，恳请读者批评指正。

编　者

2010 年 8 月

目　录

学习情境 1　液压技术认知

学习目标
(1) 学习掌握液压传动的工作原理、组成及特点。
(2) 了解液压油的性质并会正确选用。
(3) 熟知液压传动的工作特性。

单元1　液压传动工作工程分析

【工作任务】

(1) 识读图1-1,说明液压千斤顶液压传动的工作原理。

(2) 识读图1-2,说明液压举升机构液压传动系统的组成及其作用。

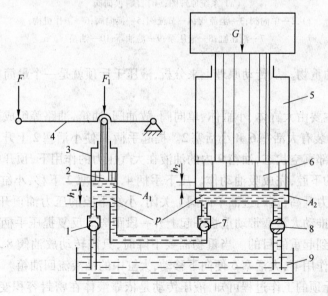

图1-1　液压千斤顶工作原理图

1—进油单向阀;2—小活塞;3—小缸体;4—手动杠杆;5—大缸体;
6—大活塞;7—排油单向阀;8—截止阀;9—油箱

【任务解析1——液压千斤顶】

液压千斤顶是机修车间维修工人经常使用的起重工具,别看它体小身轻,却能顶起超过

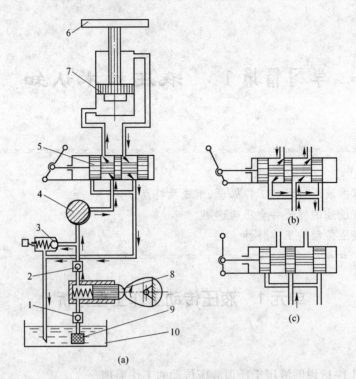

图 1-2　液压举升机构结构原理图

（a）系统原理图；（b）,（c）换向阀

1,2—单向阀；3—溢流阀；4—节流阀；5—换向阀；6—工作机构；

7—液压缸；8—液压泵；9—滤油器；10—油箱

自身重量几百倍的重物。从传动原理上来分析,液压千斤顶就是一个最简单、最典型的液压传动装置。

液压千斤顶主要由大缸体、小缸体、单向阀、放油阀、油箱、油路等组成。大、小两个缸体 5 和 3 的内部分别装有大活塞 6 和小活塞 2。提起手柄 4,使小活塞 2 上升,小缸体 3 下腔的容积增大,形成局部真空状态,油箱 9 内的油液在大气压力的作用下,顶开单向阀 1 的钢球,进入并充满小缸的下腔,完成吸油动作。压下手柄 4,小活塞 2 下移,小缸体 3 下腔的密封容积减小,腔内压力升高,这时进油单向阀 1 关闭,小缸下腔的压力油顶开排油单向阀 7 进入大缸体的下腔,推动大活塞带动重物一起上升一段距离。反复提压手柄 4,就可以使重物不断上升,从而达到起重的目的。当重物需要下降时,只需转动放油阀 8,使大缸的下腔与油箱连通,在重物作用下,大活塞 6 便向下移动,大缸中的油液流回油箱。

分析液压千斤顶的工作过程可知,液压传动是依靠液体在密封容积变化中的压力能来实现运动和动力传递的。

【知识学习 1——液压传动的工作原理】

液压传动是以液体作为工作介质,依靠运动液体的压力能来传递动力的。对于不同的液压装置和设备,它们的液压传动系统虽然不同,但液压传动的基本工作原理是相同的。

一套液压传动装置若要正常地工作必须具备下列特点。

（1）液压传动是以液体作为传递动力和运动的工作介质。传动过程必须经过两次能量转换，转换过程可用图 1-3 来表示。

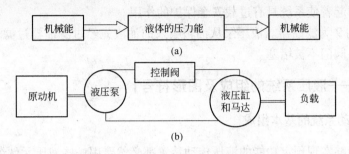

图 1-3 液压系统能量两次转换示意图

（2）油液必须在密闭的容器内进行传递而且容积会发生变化。如果容器密封不好，就无法得到所要求的油液压力；如果容积不能变化，则不能进行能量的转换。

总之，液压传动的工作原理就是利用液体的压力能来传递动力，利用密封容积的变化来传递运动的。

【任务解析 2——液压举升机构】

举升机构是起重机、挖掘机、推土机和装载机等机械所必须的工作机构。高炉炉顶的大、小料钟的开关装置及电炉炉体的倾动装置也和举升机构类似。

图 1-2 是液压举升机构液压系统结构式原理图。它由液压泵、换向阀、溢流阀、节流阀、液压缸、油箱以及连接管道等组成。

原动机带动液压泵 8 从油箱 10 经单向阀 1 吸油，并将有压力的油液经单向阀 2 输往系统。由液压泵输出的压力油是驱动举升机构升降的动力。

要使举升机构按照要求进行工作，必须设置相应的液压阀对实现举升动作的液压缸 7 的运动方向、运动速度和出力大小进行控制。

液压缸的运动方向由换向阀 5 来控制。当换向阀处于图 1-2(a) 所示位置时，从液压泵输出的压力油沿管路经节流阀 4 和换向阀阀芯左边环槽进入液压缸 7 的下腔，推动工作机构实现举升动作。此时，液压缸上腔排出的油液经换向阀阀芯右边的环槽和管路流回油箱。如果扳动换向阀手柄使其阀芯移到左边位置，如图 1-2(b) 所示，压力油就通过阀芯右边的环槽进入液压缸的上腔，液压缸下腔排出的油液经阀芯左边的环槽流回油箱。此时，在重力和压力油的作用下，工作机构实现降落动作。如果扳动换向阀手柄使其阀芯处于中间位置，如图 1-2(c) 所示，则换向阀各油口都被堵死，液压缸既不进油，也没有回油，举升机构停止动作。显而易见，控制换向阀阀芯与阀体的三个相对位置就控制了工作机构的举升、降落和停止三个动作。

液压缸的运动速度由节流阀 4 来控制。液压泵输出的压力油流经单向阀 2 后分为两路，一路经节流阀通向液压缸，另一路经溢流阀 3 流回油箱。节流阀像水龙头，拧动阀芯，改变其开口大小，就可改变通过节流阀进入液压缸的油液流量，从而控制举升速度。

液压缸的出力大小由溢流阀来控制。调节溢流阀中弹簧的压紧力，就可控制液压泵输出油液的最高压力。最高压力决定着工作机构的承载能力。当举升的外负载超过溢流阀调定的承载能力时,油液压力达到液压泵的最高压力。此时作用在钢球上的液压作用力将钢球顶开,压力油就通过溢流阀 3 和回油管直接流回油箱,油液压力不会继续升高。所以,溢流阀在这里同时起着使系统具有过载安全保护的作用。

图 1-2 中的 9 为滤油器。液压泵从油箱吸入的油液先经过滤油器过滤,清除杂质污物以保护系统中各阀门不被堵塞。

【知识学习 2——液压系统的组成及图形符号】

A　液压传动系统的基本组成

任何一个能够实现预定功能的液压传动装置都必然要用一些液压元件组成。一般情况下,液压传动系统由以下 5 个部分组成:

(1) 动力元件,即液压泵。它是将原动机输入的机械能转换为液压能的装置,其作用是为液压系统提供压力油,是系统的动力源。

(2) 执行元件,包括液压缸和液压马达,两者统称为液动机。它是将液压能转换为机械能的装置,其功用是在压力油的作用下实现直线运动或旋转运动。

(3) 控制元件,如溢流阀、节流阀、换向阀等各种液压控制阀,其功用是控制液压系统中油液的压力、流量和流动方向,以保证执行元件能完成预定的工作。

(4) 辅助元件,如油箱、油管、滤油器、蓄能器等,在液压系统中起储油、连接、过滤、储存压力能等作用,以保证液压系统可靠稳定地工作。

(5) 工作介质,即液压传动液体,液压系统就是以液体作为工作介质来实现运动和动力的传递。

B　液压系统的图形符号

在图 1-2 所示的液压系统原理图中,组成系统的各个液压元件的图形基本上表示了它们的结构原理,这种图称为结构式原理图。结构式原理图直观性强,容易理解,但是难以绘制,特别当系统中元件较多、系统比较复杂时更是如此。为了简化液压系统原理图的绘制,使分析问题更方便,我国制定了一套液压图形符号标准(GB/T 786.1—1993),将各种液压元件都用相应的符号表示。

该标准规定,这些符号只表示相应元件的职能和连接系统的通路,不表示元件的具体结构和参数,并规定各符号所表示的都是相应元件的静止位置或零位置。这种符号称为职能符号(也称为图形符号)。图 1-4 所示即为用职能符号绘制的举升机

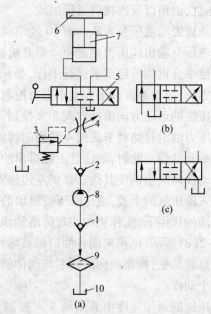

图 1-4　用图形符号表示的液压系统原理图

(a) 系统原理图;(b),(c) 换向阀

1,2—单向阀;3—溢流阀;4—节流阀;5—换向阀;6—工作机构;7—液压缸;8—液压泵;9—滤油器;10—油箱

构的液压系统工作原理图,称职能符号图。

由于职能符号图图面简洁,油路走向清楚,对液压系统的分析、设计都很方便,因此现在世界各国采用较多(具体表示方法大同小异)。液压系统的图形符号是液压传动的工程语言,是设计和分析液压系统的工具。在后面的章节中研究每一种液压元(辅)件时,必须在弄清它们的结构及工作原理的基础上,熟练掌握其图形符号的意义。本书附录1中介绍了常用液压图形符号,供读者参考。

【知识学习3——液压传动的特点】

与机械传动、电气传动相比,液压传动因其突出的特点而得到了广泛的应用。

A 液压传动的优点

(1) 体积小、质量轻、功率大,即功率质量比大。如在相同功率情况下,液压马达的外形尺寸和重量为电动机的12%左右。在中、大功率以及实现直线往复运动时,这一优点尤为突出。

(2) 能在大范围内实现无级调速,而且调节方便。机械传动无级变速比较困难,只适用于小功率系统。电气传动无级变速相对比较容易,但低速时输出扭矩小,速度稳定性差。液压传动很容易实现无级变速,且输出功率大,特别是在极低速状态下仍能稳定工作。这是机械传动与电气传动无法相比的。

(3) 工作平稳,由于重量轻、惯性小、反应快,液压装置易于实现快速启动、制动和频繁地换向。

(4) 操作方便且省力。液压传动与电气或气压传动相配合易于实现自动控制和远距离控制。

(5) 液压传动的各种元件,可根据工作需要方便、灵活地布置。由于是通过管道传递动力,执行机构及控制机构在空间位置上便于安排,易于合理布局及统一操纵。对于工程机械、运输机械、冶金机械等体积大、工作机构多且分散的机械设备,可以把液压缸、液压马达安置在远离原动机的任意方便的位置,不需中间的机械传动环节。这是机械传动难以实现的。

(6) 易于实现过载保护。当动力源发生故障时,液压系统可借助蓄能器实现应急动作。

(7) 液压传动的传动介质为油液,故液压元件能自行润滑,工作寿命长。

(8) 液压元件已实现系列化、标准化、通用化,便于设计、制造和使用,维修也较方便。

B 液压传动的缺点

(1) 液压传动有较多的能量损失(泄漏损失、摩擦损失等),故传动效率不高,不宜做远距离传动。

(2) 各液压元件的相对运动表面不可避免地产生泄漏,同时油液也不是绝对不可压缩,加上管道的弹性变形,液压传动难以得到严格的传动比,不宜用于定比传动。

(3) 液压传动性能对温度变化比较敏感,因此不宜在很高或很低的温度条件下工作。同时,液压传动装置对油液的污染也比较敏感,故要求有良好的过滤设施。

(4) 液压传动装置的成本比机械传动装置要高一些。为了减少泄漏,液压元件在制造精度上要求较高,一般情况下要求有独立的能源(如液压泵站),这些都使产品成本提高。

(5) 液压系统出现故障时,不易检查和排除,要求检修人员有较高的技术水平。

总的说来,液压传动由于其优点比较突出,它的某些缺点随着生产技术的不断发展、提高,逐步得到克服,故在工农业各个部门获得广泛应用。

单元 2　液压油的性质及选用

【工作任务】

(1) 评价液压油。
(2) 选用液压油。

【知识学习——液压油的性质】

在液压传动中,液压油是传递能量的载体,其性质的好坏、品质的高低,直接影响到液压传动的效率甚至成败。在液压传动技术中所关注的工作介质的性质,主要包括液体的密度、黏性、可压缩性、空气分离压、饱和蒸气压、抗泡沫性、稳定性(热解、水解、剪切)、抗乳化性、防锈性、润滑性以及相容性等,其中最重要的是黏性和可压缩性。

A　液体的密度

液体单位体积内的质量称为密度,通常用符号"ρ"来表示。

$$\rho = \frac{m}{V} \tag{1-1}$$

式中　m——液体的质量,kg;

　　　V——液体的体积,m^3。

密度是液体的一个重要的物理参数。液压油的密度随压力的增大而加大,随温度的升高而减小,但其变化量较小,一般可忽略不计。

B　液体的黏性

a　液体黏性的意义

当液体在外力作用下流动时,由于液体本身分子间的内聚力以及与固体壁面的附着力的存在,液体内各处的速度产生差异。如图 1-5 所示,液体在管路中流动时速度并不相等,紧贴管壁的速度为零,管路中心处的速度最大。可将管中液体的流动看成是许多无限薄的同心圆筒形的液体层的运动。运动较慢的液体层阻滞运动较快的液体层,而运动较快的液体层又带动运动较慢的液体层。这种液体层之间相互的作用类似于固体之间的摩擦过程,因而在液体之间产生摩擦力。由于这种摩擦力是发生在液体内部,所以称为内摩擦力。液体的这种性质称为液体的黏性。液体只有流动时,才

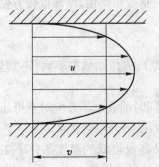

图 1-5　液体在管路内的速度分布

会呈现黏性,而静止的液体不呈现黏性。黏性是液体一个非常重要的特征,是选择液压油的主要依据。

b　液体的黏度

液体黏性的大小用黏度来度量。黏度大,液层间内摩擦力就大,油液就"稠";反之,油液就"稀"。液压传动中常用的油液黏度有动力黏度、运动黏度和相对黏度。

(1) 动力黏度。动力黏度也称绝对黏度,用 μ 表示。如图1-6所示两平行平板之间充满液体,上平板以速度 u 向右动,下平板固定不动。紧贴上平板的液体在吸附力作用下跟随上平板以速度 u 向右运动,紧贴下平板的液体在黏性作用下保持静止,中间液体的速度由上至下逐渐减小。

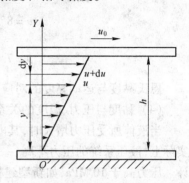

图1-6　液体黏性示意图

实验表明,液体流动时相邻层间的内摩擦力 F 与液层间接触面积 A、液层间相对速度 $\mathrm{d}u$ 成正比,而与液层间的距离 $\mathrm{d}y$ 成反比。这就是牛顿内摩擦定律,可用式(1-2)表示。

$$F = \mu A \frac{\mathrm{d}u}{\mathrm{d}y} \qquad (1-2)$$

若用单位面积上的摩擦力,即切应力 τ 来表示液体黏性,则式(1-2)可改成

$$\tau = \frac{F}{A} = \mu \frac{\mathrm{d}u}{\mathrm{d}y} \qquad (1-3)$$

式中,μ 为比例系数,称为动力黏度,其单位是 Pa·s(帕·秒);$\mathrm{d}u/\mathrm{d}y$ 为速度梯度,即液层相对运动速度对液层间距离的变化率。

由式(1-2)可知,液体动力黏度 μ 的物理意义是:当速度梯度等于1时,流动液体内接触液体层间单位面积上产生的内摩擦力即为液体动力黏度。

(2) 运动黏度。动力黏度 μ 和液体密度 ρ 的比值,就称为运动黏度,用 ν 表示,即

$$\nu = \frac{\mu}{\rho}$$

运动黏度的单位是 m^2/s,工程单位制使用的单位还有 cm^2/s,通常称为 St(斯),通常用 cSt(厘斯)来表示,$1\ cSt = 1\ mm^2/s$。运动黏度 ν 虽没有明确的物理意义,但习惯上常用它来标志液体的黏度。在工程中,采用40℃时运动黏度的平均值(cSt 或 mm^2/s)作为液压油的产品名称的主要内容。例如,L-HM32 抗磨液压油就表示该油在40℃运动黏度的平均值为 $32\ mm^2/s$。

(3) 相对黏度。它是采用特定的黏度计在规定的条件下测量出来的液体黏度。由于测量条件不同,各国所用的相对黏度也不同。中国、德国和俄罗斯等一些国家采用恩氏黏度(°E),美国采用赛氏黏度(SSU),英国采用雷氏黏度(R)。

恩氏黏度用恩氏黏度计测定,即将200 mL 被测液体装入恩氏黏度计的容器中,在某一特定温度 t(℃)下,测出液体经其下部直径为2.8 mm 小孔流尽所需的时间 t_1,与同体积的蒸馏水在20℃时流过同一小孔所需的时间 t_2 的比值,便是被测液体在这一温度时的恩氏黏度

$$°E_t = \frac{t_1}{t_2}$$

工业上常用 20℃、50℃、100℃作为测定恩氏黏度的标准温度,其恩氏黏度分别以相应符号 $°E_{20}$、$°E_{50}$、$°E_{100}$ 表示。

恩氏黏度与运动黏度之间,可用经验公式(1-4)换算。

$$\nu = 8°E - \frac{8.64}{°E} \qquad (1.35 < °E \leqslant 3.2)$$

$$\nu = 7.6°E - \frac{4}{°E} \qquad (°E > 3.2)$$

(1-4)

恩氏黏度与运动黏度的对应数值还可从有关图表直接查出。

(4)黏度与压力、温度的关系。液体的黏度会随压力和温度的变化而变化。

当液体所受压力增大时,其内部分子的间距会缩小,内聚力增大,黏度也随之增大。但实际上,液压系统的压力不高(一般小于 10 MPa)时,压力对黏度的影响很小,通常可忽略不计。压力高于 10 MPa,如新型建材机械的液压系统或压力变化较大时,则应考虑压力对黏度的影响。

液压油的黏度对温度变化比较敏感。温度升高,将使液压油的黏度明显下降,反之则黏度增大。液压油的黏度随温度变化的性质称为黏温特性。不同种类的液压油具有不同的黏温特性。液压油的黏温特性常用其黏温变化程度与标准油相比较的相对数值(即黏度指数 VI)来表示,VI 值越大,表示其黏度随温度的变化越小,黏温特性越好。

C 液体的可压缩性

液体受压力作用而体积减小的性质称为液体的可压缩性。液压油具有可压缩性,即受压后其体积会发生变化。压力为 p 时体积为 V 的液体,当压力增大 Δp 时,由于液体的可压缩性,体积要减小 ΔV。液压油可压缩性的大小用压缩系数 β 来表示,其表达式为:

$$\beta = -\frac{1}{\Delta p} \cdot \frac{\Delta V}{V}$$

(1-5)

式中　Δp——液压油所受压力的变化量,Pa;

ΔV——压力变化时液压油体积变化量,m³;

V——压力变化前液压油的体积,m³。

压力增大时液压油体积减小,反之增大。为保持压缩系数 β 为正值,式(1-5)中加一负号。常用液压油的压缩系数 β 值为 $(5\sim7)\times10^{-10}$ m²/N。压缩系数 β 的倒数为液压油的体积弹性模量 K,即

$$K = \frac{1}{\beta}$$

(1-6)

对于不混入空气的石油型液压油的体积弹性模量 $K = (1.4\sim2)\times10^3$ MPa,显然,其刚性比空气大得多,即压缩系数很小。为此,在工程上可认为液压油是不可压缩的。液压设备的执行机构工作时之所以工作速度平稳且噪声很小,就是因为其压缩系数极小,有很大刚性。

若在液压油内部溶解有 3%～10%的空气,当油液流经节流口等狭窄缝隙或泵的吸入口等真空地带时,由于流速突然变大或供油不足使油液的压力迅速降低,已溶解在油中的空

气会析出而形成气泡。另外,液压系统中总会混入一定的空气,由于空气的可压缩性很大,内部存在空气的油液的体积弹性模量 K 将会显著减小。这将引起液压系统中的执行机构出现爬行或颤抖的现象,影响执行机构的运动平稳性。为此,应保证液压系统良好的密封性能,并在液压缸的最上端位置设置排气装置及时排除空气,以避免油液中混入大量空气,影响液压系统的性能。

【任务解析 1——液压油的性能评价】

在液压传动中,液压油既是传动介质,又兼起润滑作用,故对液压油的性能提出如下要求:

(1) 具有适宜的黏度和良好的黏温特性,一般要求液压油的运动黏度为 $(14 \sim 68) \times 10^{-6}\ m^2/s(40℃)$。黏度的变化将会直接影响液压系统的工作性能和泄漏量,为此,最好采用黏度受温度变化影响较小(或称黏温特性较好)的油液。有时在油箱内设置温度控制装置(如加热器或冷却器),也正是为了控制和调节油温,以减小液压油的黏度变化。

(2) 具有良好的热安定性和氧化安定性。

(3) 具有良好的抗泡沫性和空气释放性,即要求油液在工作中产生的气泡少且气泡能很快破灭,而且要求混溶于油液中的微小气泡容易释放出来。

(4) 在高温环境下具有较高的闪点,起防火作用;在低温的环境下具有较低的凝点。

(5) 具有良好的防腐性、抗磨性和防锈性。

(6) 具有良好的抗乳化性,液压油乳化会降低其润滑性,使酸性增加,使用寿命缩短。

(7) 质量要纯净,不含或含有极少量的杂质、水分和水溶性酸碱等。

【任务解析 2——液压油的选用】

液压油的选择,首先是油液品种的选择。

A　液压油品种的选择

液压油的品种较多,大致分为矿物油型液压油和难燃型液压油,另外还有一些专用液压油(航空用、舰船用等)。由于制造容易、来源多、价格较低,故在液压设备中几乎 90% 以上是使用矿物油型液压油。矿物油型液压油一般为了满足液压装置的特殊要求而在基油中配合添加剂来改善特性,液压油的添加剂有抗氧化剂、防锈剂、增黏剂、消泡剂、抗磨剂等。

我国液压油的主要品种、组成和特性见表 1-1。

表 1-1　我国液压油的主要品种、组成和特性

分 类	名 称	代 号	组成和特性	应 用
石油型	精制矿物油	L-HH	无抗氧化剂	循环润滑油、低压液压系统
	普通液压油	L-HL	HH 油,改善其防锈和抗氧化性	一般液压系统
	抗磨液压油	L-HM	HL 油,改善其抗磨性	低、中、高液压系统,特别适合于有防磨要求带叶片泵的液压系统
	低温液压油	L-HV	HM 油,改善其黏温特性	能在 $-40 \sim -20℃$ 的低温环境中工作,用于户外工作的工程机械和船用设备的液压系统

续表 1-1

分　类	名　称	代　号	组成和特性	应　用
石油型	高黏度指数液压油	L-HR	HL 油,改善其黏温特性	黏温特性优于 L-HV 油,用于数控机床液压系统和伺服系统
	液压导轨油	L-HG	HL 油,改善其黏温特性	适用于导轨和液压系统共用一种油品的机床,对导轨有良好的润滑性和防爬性
	其他液压油		加入多种添加剂	
乳化合成型	水包油乳化液	L-HFAE		
	油包水乳化液	L-HFB	需要难燃液的场合	
	水 - 乙二醇液	L-HFC		
	磷酸酯液	L-HFDR		

液压油品种的选择应根据设备中液压系统的特点、工作环境和液压泵的类型等来选择。一般而言,齿轮泵对液压油的抗磨性要求比叶片泵和柱塞泵低,因此齿轮泵选用 L-HL 或 L-HM 油,而叶片泵和柱塞泵一般选用 L-HM 油。表 1-2 可供选择液压油时参考。

表 1-2　各类液压泵推荐用的液压油

泵　型	压　力	运动黏度/$mm^2 \cdot s^{-1}$		适用品种和黏度等级
		5 ~ 40℃	40 ~ 80℃	
叶片泵	7 MPa 以下	30 ~ 40	40 ~ 75	HM 油,32、46、68
	7 MPa 以上	50 ~ 70	55 ~ 90	HM 油,46、68、100
螺杆泵		30 ~ 50	40 ~ 80	HL 油,32、46、68
齿轮泵		30 ~ 70	95 ~ 165	HL 油(中、高压用 HM),32、46、68
径向柱塞泵		30 ~ 50	65 ~ 40	HL 油(高压用 HM),32、46、68
轴向柱塞泵		40	70 ~ 150	HL 油(高压用 HM),32、46、68

注:5 ~ 40℃,40 ~ 80℃均系液压系统工作温度;HL、HM 分别为改善了抗磨性、黏温性的精制矿物油。

B　液压油牌号的选择

液压油的品种确定之后,接着就是选择油的黏度等级。黏度等级的选择是十分重要的,因为黏度对液压系统工作的稳定性、可靠性、效率、温升以及磨损都有显著的影响。如果黏度太低,就会使泄漏增加,从而降低效率,降低润滑性,增加磨损;如果液压油的黏度太高,液体流动的阻力就会增加,磨损增大,液压泵的吸油阻力增大,易产生吸空现象(也称空穴现象,即油液中产生气泡的现象)和噪声。因此要合理选择液压油的黏度,在选择黏度时应注意液压系统在以下几方面的情况:

(1)工作环境温度。当液压系统工作环境温度较高时,应采用较高黏度的液压油,反之则用较低黏度的液压油。

(2)工作压力。当液压系统工作压力较高时,应采用较高黏度的液压油,以减少泄漏。反之用较低黏度的液压油。

(3)运动速度。当液压系统的工作部件运动速度较高时,为了减少功率损失,应采用黏度较低的液压油,以减轻液流的摩擦损失;反之采用较高黏度的液压油。

（4）液压泵的类型。在液压系统中，不同的液压泵对润滑的要求不同。在液压系统的所有元件中，以液压泵对液压油的性能最为敏感。因为泵内零件的运动速度最高，工作压力也最高，且承压时间长，温升高。因此，常根据液压泵的类型及其要求来选择液压油的黏度。

高标号的液压油适合在高压下使用，可以得到较高的容积效率。在高温条件下工作时，为了不使油的黏度过低，也应采用高标号的液压油。相反，温度低时采用低标号的液压油。泵的进口吸入条件不好时（压力低、阻力大），也要采用低标号液压油。

C 液压油的污染及控制

液压油的污染对液压系统的性能和可靠性有很大影响，实践证明：液压系统 80% 的故障来源于液压油和系统中的污染。故应高度重视液压油的污染问题，并对此加以严格控制。

使液压油污染的物质有切屑、铸造砂、灰尘、焊渣等固体污染物，有水分、清洗油等液体污染物，还有从大气混入空气或从液压油中分离出来的空气等气体污染物。这些污染物往往由于液压元件或油箱在制造、运输和组装中再加上清洗不当而存留在系统中造成油液污染的。针对这些污染途径，可采用以下措施对液压油的污染加以控制：

（1）液压管路和油箱在使用前，应先用煤油或其他溶剂进行清洗，然后用系统所用液压油进行清洗。

（2）液压元件在制造和组装中应注意清洗和保洁，尤其是拆卸维修后重装时，特别要注意防止切屑等杂质进入元件内部。

（3）采用过滤方法滤掉加入油箱和吸入油泵从而进入系统的液压油中的杂质。

（4）为避免或减少油液在使用中再被污染，要保证液压系统良好的密封性以防止灰尘进入，要避免油温过高以防止油液老化变质，以及要注意油位不可过低以防止因吸油困难而造成气蚀等。

（5）定期更换油箱中的油液。

单元 3 液压传动的工作特性分析

【工作任务】

（1）分析液压系统的工作特性。

（2）分析确定液压系统的压力损失。

【知识学习 1——液压传动中的压力】

A 压力概念及其特性

液压传动中所说的压力是指密封容腔中液体单位面积上受到的作用力即压力强度。压力强度在物理学中简称压强，在液压传动中称压力。

若法向作用力 F 均匀地作用在静止液体中某一面积为 A 的平面上，则容器内就产生一个压力 p。

$$p = \frac{F}{A} \tag{1-7}$$

液体的静压力具有两个重要的特性：

（1）液体静压力的方向总是在承压面的内法线方向。

（2）静止液体内任一点的压力在各个方向上都相等。

B　压力的表示方法及其单位

以绝对零压为基准来度量的液体压力,称为绝对压力;以大气压为基准来度量的液体压力,称为相对压力。相对压力也称为表压力。绝对压力和相对压力的关系为：

$$绝对压力 = 相对压力 + 大气压$$

在一般液压系统中,某点的压力通常指的都是表压力。凡是用压力表测出的压力,也都是表压力。

若某液压系统中绝对压力小于大气压,则称该点出现了真空,其真空的程度用真空度表示。它们的关系为

$$真空度 = 大气压力 - 绝对压力$$

绝对压力、相对压力、真空度的相对关系如图 1-7 所示。

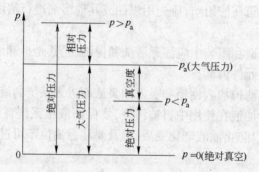

图 1-7　绝对压力、相对压力、真空度的相对关系

压力 p 的单位为 Pa（帕）,也表示为 N/m^2（牛/米^2）。而目前工程上常用 kPa（千帕）、MPa（兆帕）作为压力单位。工程单位制使用的单位有公斤力/厘米^2（kgf/cm^2）、巴（bar）、工程大气压（at）、标准大气压（atm）和液柱高度等,它们的换算关系是

$$1 \text{ MPa} = 10^3 \text{ kPa} = 10^6 \text{ Pa} = 10 \text{ bar}$$

$$1 \text{ atm} = 0.101325 \text{ MPa}$$

$$1 \text{ at} = 1 \text{ kgf/cm}^2 = 9.0867 \times 10^4 \text{ Pa}$$

C　压力的传递

在图 1-8 中,当在面积为 A 的活塞上施加力 F 时,液体内部即产生压力 $p = F/A$。此时在缸壁上任意点接通压力表 Ⅰ、Ⅱ、Ⅲ 测量得到压力值都是相同的。这就是说,施加于静止液体上的压力以等值传到各点。这就是静压传递原理,也称帕斯卡原理。

把图 1-8 的密封容器扩展为图 1-9 所示的连通器,把一定的力施加在小活塞上,在连通器内的各点,也产生同样压力。由于大活塞面积远远大于小活塞,所以液体作用于大活塞上的力将远远大于施加于小活塞上的外力。当施加外力增大到一定数值时,重物即上移。液压千斤顶就是利用这一原理进行起重的。由此可见,液压传动的理论基础是帕斯卡原理,

主要以液体的压力传递动力。

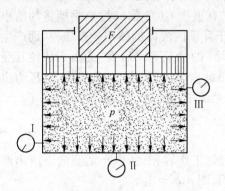
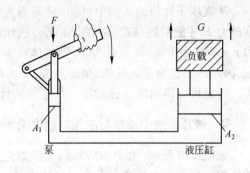

图1-8 密闭容器壁上的压力都相等　　　　图1-9 连通器示意图

【知识学习2——液压传动中的流量】

流量与流速是描述液体流动的两个主要参数。液体在管道中流动时,通常将垂直于液体流动方向的截面积称为通流截面。

单位时间内流过某通流截面的液体的体积称为流量,用 q 表示,流量的单位在 SI 中为 m^3/s,工程上用 L/min(升/分)等。

液压传动是靠流动着的有压液体来传递动力,油液在油管或液压缸内流动的快慢称为流速。由于流动的液体在油管或液压缸的截面上的每一点的速度并不完全相等,因此通常说的流速都是平均流速,用 v 表示。流速的单位在 SI 中为 m/s。

$$v = \frac{q}{A} \tag{1-8}$$

【任务解析1——分析液压系统的工作特性】

A 液压系统中工作压力与负载的关系

如图1-9所示,当大活塞上有重物负载时,其下腔的油液将产生一定的压力 p,即

$$p = G/A_2 \tag{1-9}$$

根据帕斯卡定律"在密闭容器内,施加于静止液体上的压力将以等值同时传到液体各点",若要顶起重物,则在小活塞下腔就必须产生一个等值的压力 p,即小活塞上施加的力 F_1 为

$$F_1 = pA_1 = GA_1/A_2 \tag{1-10}$$

式中,A_1、A_2 分别为小活塞、大活塞的面积。

可见在活塞面积 A_1、A_2 一定的情况下,液体压力 p 取决于重物负载 G,而小活塞上施加的力 F_1 则取决于压力 p。所以,负载越大,液体压力 p 越高,小活塞上所需要施加的力 F_1 也就越大;反之,如果空载工作,且不计摩擦力,则液体压力 p 和小活塞上施加的力 F_1 都为零。即有了负载,液体才会有压力,并且压力大小取决于负载。简单地说,液压传动中液体压力取决于负载。实际上,液压传动中液体的压力相当于机械传动中机械构件的应力。机械构件应力是取决于负载的,同样,液体的压力也取决于负载。但是机械构件在传动时可以承受

拉、压、弯、剪等各种应力,而液压传动中液体只能承受压力。这是两者的重要区别。

从液压千斤顶的实例中可知,只有当大活塞上有重物 G(负载)时,小手柄施加给小活塞的力 F 才能对液体产生"前堵后推"的作用,使千斤顶的液体的体积受挤压,从而产生压力 p。若移去重物,即负载为零,则液体在失去"前堵"的情况下,"后推"的力无法使其受挤压,因此压力也为零。显然,负载愈大,压力愈大;负载愈小,压力愈小;负载为零,压力也为零。因此可以得出液压传动第一个工作特性:液压系统中的工作压力取决于负载。

B　液压系统中流量与液压缸速度关系

如图 1-9 所示,由于小活塞到大活塞之间为密封工作容积,所以小活塞向下压出油液的体积必然等于大活塞向上升起缸体内扩大的体积,即 $A_1 h_1 = A_2 h_2$。

式两端同时除以活塞移动的时间 t 得 $v_1 A_1 = v_2 A_2$。令单位时间内从小缸体中排出液体的体积 $q = v_1 A_1$,则流量 q 进入大缸体时,大活塞的运动速度为

$$v_2 = q/A_2 \tag{1-11}$$

即大活塞的运动速度取决于进入活塞缸的流量。流量越大,速度越快,反之亦然。流量为零,速度也为零。简单地说,速度取决于流量。

对于一般的液压缸而言,活塞面积 A 是不变的,因而由式(1-11)可以得到液压传动的第二个工作特性:液压缸(或活塞)的运动速度决定于进入液压缸的流量。

【任务解析 2——分析确定液压系统的压力损失】

液压传动靠流动着的有压液体来传递动力。和电气系统类似,电流沿导线和用电器的流动要产生电压降,油液在系统中流动时也要产生压力损失。

液体流动时由于黏性而产生的内部摩擦力,以及液体流过弯头或突然变化的管道截面时,因碰撞或旋涡等现象,都会在管路中产生液压阻力,造成能量损失,这些损失表现为压力损失。

A　沿程损失

液体在等径直管中流动时,由于液体内部的摩擦力而产生的能量损失称为沿程压力损失。其计算公式为:

$$\Delta p_{沿} = \lambda \rho \frac{l}{d} \frac{v^2}{2} \tag{1-12}$$

式中　λ——沿程阻力系数;

　　　ρ——液体的密度;

　　　l——管道长度;

　　　d——管道的内径;

　　　v——液体的流速。

式(1-12)表明,油液在直管中流动时的沿程损失与管长成正比,与管子内径成反比,与流速的 2 次方成正比。管道越长,管径越细,流速越高,则沿程阻力损失越大。

B　局部损失

液体流过弯头、各种控制阀门、小孔、缝隙或管道面积突然变化等局部阻碍时,会因流

速、流向的改变而产生碰撞、旋涡等现象而产生的压力损失称为局部压力损失,其计算公式为:

$$\Delta p_{局} = \xi \frac{\rho v^2}{2} \tag{1-13}$$

式中,ξ 为局部压力损失系数。式(1-13)表明,局部压力损失与流速的 2 次方成正比。

C　管路系统的总压力损失

整个管路系统的总压力损失等于管路系统中所有的沿程压力损失和所有的局部压力损失之和,即:

$$\sum \Delta p = \sum \Delta p_{沿} + \sum p_{局} \tag{1-14}$$

压力损失涉及的参数众多,计算烦琐复杂。实践中多采用近似估算的办法。将泵的工作压力取为油缸工作压力的 1.3～1.5 倍,系统简单时取较小值,系统复杂时取较大值。

管路系统的压力损失使功率损耗,油液发热,泄漏增加,系统性能和传动效率降低。因此,在设计和安装时要尽量注意减小压力损失,常见措施有:

(1) 缩短管道,减小截面变化和管道弯曲。

(2) 管道截面要合理,以限制流速,一般情况下的流速为吸油管小于 1 m/s;压油管为2.5～5 m/s,回油管小于 2.5 m/s。

D　液压冲击和气穴现象

(1) 液压冲击。在液压系统中,常常由于某些原因而使液体压力突然急剧上升,形成很高的压力峰值,这种现象称液压冲击。

1) 原因:阀门突然关闭或液压缸快速制动等。

2) 危害:系统中出现液压冲击时,液体瞬时压力峰值可以比正常工作压力大好几倍。液压冲击会损坏密封装置、管道或液压元件,还会引起设备振动,产生很大噪声。有时,液压冲击使某些液压元件如压力继电器、顺序阀等产生误动作,影响系统正常工作。

3) 解决措施:

① 延长阀门关闭和运动部件制动换向的时间。

② 限制管道流速及运动部件速度。

③ 适当加大管道直径,尽量缩短管路长度。必要时还可在冲击区附近安装蓄能器等缓冲装置。

④ 采用软管以增加系统的弹性。

(2) 气穴现象。在液压系统中,如果某处的压力低于空气分离压时,原先溶解在液体中的空气就会分离出来,导致液体中出现大量气泡的现象,称为气穴。如果液体中的压力进一步降低到饱和蒸气压时,液体将迅速气化,产生大量蒸气泡,这时的气穴现象将会愈加严重。

1) 危害:当液压系统中出现气穴现象时,大量的气泡破坏了液流的连续性,造成流量和压力脉动,气泡随液流进入高压区时又急剧破灭,以致引起局部液压冲击,发出噪声并引起振动,当附着在金属表面上的气泡破灭时,所产生的局部高温和高压会使金属剥蚀,这种由气穴造成的腐蚀作用称为气蚀。

2）解决措施：

① 减小小孔或缝隙前后的压力降。

② 降低泵的吸油高度,适当加大吸油管内径,限制吸油管流速,尽量减少吸油管路中的压力损失(如及时清洗过滤器)。

复习思考题

1-1　何谓"液压传动"？试述液压千斤顶、液压举升机构的工作原理。

1-2　液压传动系统有哪些组成部分？试说明各组成部分的作用。

1-3　液压传动与其他传动方式相比有哪些主要优缺点？

1-4　如何控制液压油的污染。

1-5　试述液体静压力的传递原理。

1-6　试述液压传动的两个重要概念。

1-7　试述压力损失的分类,分别写出各类压力损失的表达式,并说明如何减小压力损失。

1-8　液压冲击和空穴现象的产生原因是什么,如何降低液压冲击和空穴现象造成的危害？

1-9　如题 1-9 图所示,液压缸内径为 150 mm,柱塞直径为 100 mm,液压缸中充满油液,如果柱塞上作用 50000N 的力,不计油液的重量,计算液压缸内的液体压力。

1-10　如题 1-10 图所示,有一直径为 d、质量为 m 的活塞浸在液体中,并在力 F 的作用下处于静止状态。若液体的密度为 ρ,活塞浸入深度为 h,试确定液体在测压管内的上升高度 x。

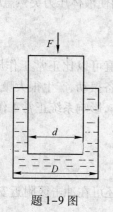

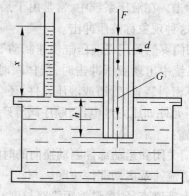

题 1-9 图　　　　　　　　　　题 1-10 图

学习情境 2　液压元件使用与维护

学习目标

(1) 掌握常用液压泵的工作原理、结构特点、拆装使用以及故障分析与排除。

(2) 掌握方向控制阀、压力控制阀、流量控制阀的主要类型、结构特点、工作原理、性能特点及应用。

(3) 了解液压执行元件(液压缸、液压马达)的类型、特点,掌握其工作原理和使用方法。

(4) 了解液压辅助元件的主要类型,掌握其工作原理、选用原则及应用范围。

单元 1　液压泵使用与维护

【工作任务 1】

分析液压泵的工作过程。

【知识学习 1——液压泵的工作条件和类型】

A　液压泵工作的条件

液压泵是液压系统的动力元件,它是一种能量转换装置,将原动机输入的机械能转变成液体的压力能。液压泵是液压系统的重要组成部分,是液压系统的动力源。

液压传动系统中使用的液压泵都是容积式泵,是靠密封容积的变化来实现吸油和压油的,其工作原理如图 2-1 所示。

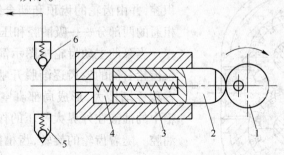

图 2-1　容积泵的工作原理

1—凸轮;2—柱塞;3—弹簧;4—密封工作腔;5—吸油阀;6—压油阀

当偏心轮 1 由原动机带动旋转时,柱塞 2 作往复运动。当弹簧 3 将柱塞从密封工作腔 4 中推出时,密封容积逐渐增大,形成局部真空,油箱中的油液在大气压力作用下,通过单向阀

5 进入工作腔 4,这是吸油过程。当柱塞被偏心轮压入工作腔时,密封容积逐渐减小,使腔内油液打开单向阀 6 进入系统,这是压油过程。偏心轮不断旋转,泵就不断地吸油和压油。

通过以上分析可以得出液压泵工作的基本条件:

(1) 在结构上能形成密封的工作容积。

(2) 密封工作容积能实现周期性的变化,密封工作容积由小变大时与吸油腔相通,由大变小时与排油腔相通。

(3) 必须有合适的配流装置,将吸油腔和压油腔隔开,保证液压泵有规律地连续地吸油、排油。液压泵结构原理不同,其配流装置也不同。

B　液压泵的类型

按液压泵输出的流量能否调节,液压泵可分为定量液压泵和变量液压泵;按其结构型式不同,液压泵可分为齿轮泵、叶片泵、柱塞泵等类型。

常用液压泵的图形符号见表 2-1。

表 2-1　常用液压泵的图形符号(摘自 GB/T 786.1—93)

定量液压泵		变量液压泵	
单向定量泵	双向定量泵	单向变量泵	双向变量泵
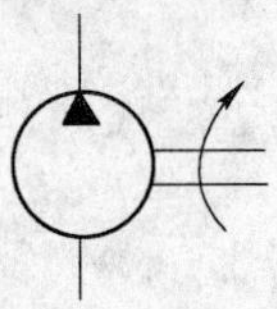	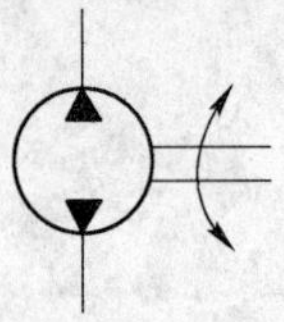	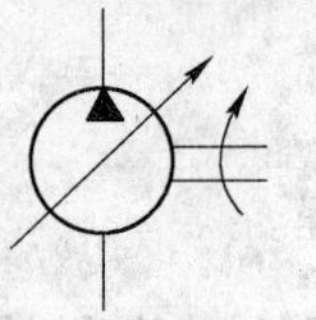	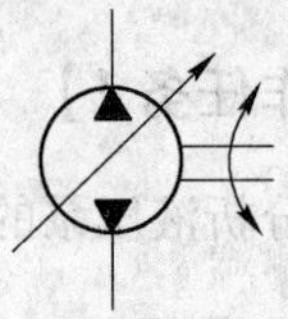

【任务解析 1——液压泵的工作过程】

A　齿轮泵的工作过程

齿轮泵的工作原理如图 2-2 所示。泵体内装有一对齿数相等、模数相同的外啮合齿轮,这对齿轮与泵的两端盖和泵体间形成一密封容积腔,并由齿轮的齿顶和啮合线把密封腔分为互不相通的两部分——吸油腔和压油腔。

当泵的主动齿轮按图示箭头方向旋转时,齿轮泵齿轮右侧的轮齿逐渐脱开啮合,使密封容积腔的容积逐渐增大,形成局部真空(即形成吸油腔),油箱中的油液在外界大气压的作用下,经油管进入吸油腔。随着齿轮的旋转,齿槽间的油液被带到左侧(进入压油腔),这时轮齿逐渐进入啮合使左侧容积逐渐减小,腔内压力增大,迫使齿槽间的压力油进入液压系统,这就是齿轮泵的工作原理。齿轮泵只能做成定量泵。

图 2-2　齿轮泵的工作原理

B　叶片泵的工作过程

按照工作原理,叶片泵可分为单作用式和双作用式两类。

a　双作用叶片泵的工作过程

图 2-3 所示为双作用叶片泵的工作原理。该泵主要由定子 1、转子 2、叶片 3 及装在它们两侧的配流盘组成。定子内表面形似椭圆,由两段大半径 R 圆弧、两段小半径 r 圆弧和四段过渡曲线所组成。定子和转子的中心重合。在转子上沿圆周均布的若干个槽内分别安放有叶片,这些叶片可沿槽作径向滑动。在配流盘上,对应于定子四段过渡曲线的位置开有四个腰形配流窗口,其中两个窗口与泵的吸油口连通,为吸油窗口;另两个窗口与压油口连通,为压油窗口。

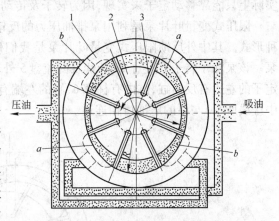

图 2-3　双作用式叶片泵工作原理图
1—定子;2—转子;3—叶片

当转子由轴带动按图示方向旋转时,叶片在离心力和根部油压(叶片根部与压油腔连通)的作用下压向定子内表面,并随定子内表面曲线的变化而被迫在转子槽内往复滑动。于是,相邻两叶片间的密封腔容积就发生增大或缩小的变化,经过窗口 a 处时容积增大,便通过窗口 a 吸油;经过窗口 b 处时容积缩小,便通过窗口 b 压油。转子每转一周,每一叶片往复滑动两次,因而吸、压油作用发生两次,故这种泵称为双作用叶片泵。又因吸、压油口对称分布,转子和轴承所受的径向液压力相平衡,所以这种泵又称为平衡式叶片泵。这种泵的排量不可调,是定量泵。

b　单作用叶片泵的工作过程

单作用式叶片泵的工作原理如图 2-4 所示。它和双作用式叶片泵的结构原理基本相似,所不同的是单作用式叶片泵的定子内表面为圆形,定子和转子间有偏心 e。当传动轴带动转子回转时,处于压油区的叶片在离心力和叶片底部液压力的作用下叶片顶部紧贴定子内表面,而处于吸油区的叶片则只在离心力的作用下叶片顶部紧贴定子内表面,这样,在定子、转子、相邻两叶片和两侧配油盘间就形成了若干个密封工作腔。当转子按图示方向回转时,图中右半周的叶片逐渐伸出,密封工作腔的容积逐渐增大,成为吸油区;左半周的叶片逐渐缩回,密封工作腔的容积逐渐减少,成

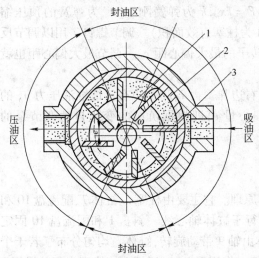

图 2-4　单作用叶片泵的工作原理图

为压油区。在吸油区和压油区之间,各有一段封油区把它们隔开。这种叶片泵在转子每转过一周时,每个密封工作腔只完成一次吸油和压油,故称之为单作用叶片泵。单作用叶片泵的缺点是转子受到来自压油腔的单向液压力,使轴承上所受载荷较大,所以也称为非卸荷式

叶片泵。这种叶片泵一般不适用于高压,通常在不超过 7 MPa 的压力下工作。

单作用叶片泵有一个颇有价值的特点:它可以通过改变转子和定子的偏心距 e 来调节泵的流量,使液压系统在工作进给时能量利用合理,效率高,油的温升小。偏心量 e 的改变实际上只能靠移动定子来实现,因为转子及传动轴的位置被原动机的轴所限定了。

限压式变量叶片泵是利用泵排油压力的反馈作用实现变量的,它有外反馈和内反馈两种形式。其中外反馈限压式变量叶片泵是我们研究的重点。图 2-5 为外反馈式变量叶片泵。该泵除了转子 1、定子 2、叶片及配流盘 5 外,在定子的右边有限压弹簧 3 及调节螺钉 4;定子的左边有反馈缸,缸内有柱塞 6,缸的左端有调节螺钉 7。反馈缸通过控制油路(图 2-5 中虚线所示)与泵的压油口相连通。

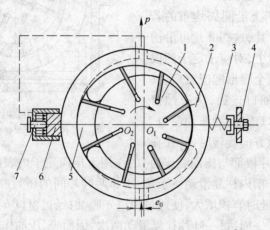

图 2-5　外反馈式变量叶片泵工作原理
1—转子;2—定子;3—限压弹簧;4,7—调节螺钉;5—配流盘;6—反馈缸柱塞

调节螺钉 4 用以调节弹簧 3 的预紧力 F($F = kx_0$,k 为弹簧刚度,x_0 为弹簧的预压缩量),也就是调节泵的限定压力 p_B($p_B = kx_0/A$,A 为柱塞有效面积)。调节螺钉 7 用以调节反馈缸柱塞 6 左移的终点位置,也即调节定子与转子的最大偏心距 e_{max},调节最大偏心距也就是调节泵的最大流量。

转子 1 的中心 O_1 是固定的,定子 2 可以在右边弹簧力 F 和左边有反馈缸液压力 p_A 的作用下,左右移动而改变定子相对于转子的偏心量 e,即根据负载的变化自动调节泵的流量。

C　轴向柱塞泵的工作过程

如图 2-6 所示为斜盘式轴向柱塞泵的工作原理。它主要由柱塞 5、缸体 7、配流盘 10 和斜盘 1 等主要零件组成。轴向柱塞泵的柱塞平行于缸体轴心线。斜盘 1 和配流盘 10 固定不动,斜盘法线和缸体轴线间的交角为 γ。缸体由轴 9 带动旋转,缸体上均匀分布了若干个轴向柱塞孔,孔内装有柱塞 5,套筒 4 在定心弹簧 6 作用下,通过压板 3 使柱塞头部的滑履 2 和斜盘靠牢,同时套筒 8 使缸体 7 和配流盘 10 紧密接触,起密封作用。当缸体按图示方向转动时,斜盘和压板的作用迫使柱塞在缸体内作往复运动,柱塞在转角 $0 \sim \pi$ 范围内逐渐向外伸出,柱塞底部缸孔的密封工作容积增大,通过配流盘的吸油窗口吸油;在 $\pi \sim 2\pi$ 范围内,柱塞被斜盘逐渐推入缸体,使柱塞底部缸孔容积减小,通过配流盘的压油窗口压油。缸体每转一周,每个柱塞各完成一次吸、压油。

如果改变斜盘倾角 γ 的大小,就能改变柱塞的行程长度,也就改变了泵的排量。如果改变斜盘倾角的方向,就能改变吸、压油方向,这时轴向柱塞泵就成为双向变量轴向柱塞泵。

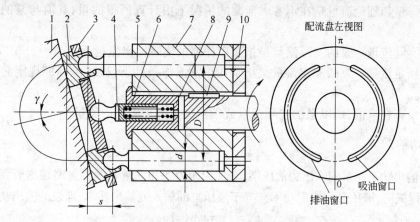

图 2-6　轴向柱塞泵的工作原理

1—斜盘;2—滑履;3—压盘;4—内套筒;5—柱塞;6—定心弹簧;
7—缸体;8—外套筒;9—轴;10—配流盘

【工作任务2】

选用液压泵。

【知识学习2——液压泵的主要性能参数】

A　液压泵的压力

(1) 工作压力。工作压力是指泵工作时输出油液的实际压力。泵的工作压力决定于外界负载,外负载增大,泵的工作压力也随之升高。

(2) 额定压力。额定压力是指在正常工作条件下,按试验标准规定能连续运转正常工作的最高压力。即在液压泵铭牌或产品样本上标出的压力。泵的额定压力大小受泵本身的泄漏和结构强度所制约。当泵的工作压力超过额定压力时,泵就会过载。

由于液压传动的用途不同,系统所需要的压力也不相同,为了便于液压元件的设计、生产和使用,将压力分为几个等级,列于表2-2中。

表 2-2　压力分级

压力等级	低压	中压	中高压	高压	超高压
压力/MPa	≤2.5	>2.5~8	>8~16	>16~32	>32

B　排量和流量

(1) 排量。由泵的密封容腔几何尺寸变化计算而得的泵的每转排油体积称为泵的排量。排量用 V 表示,其常用单位为 mL/r。

（2）理论流量。由泵的密封容腔几何尺寸变化计算而得的泵在单位时间内的排油体积称为泵的理论流量。泵的理论流量等于排量和转速的乘积，即

$$q_{vt} = Vn \tag{2-1}$$

泵的排量和理论流量是在不考虑泄漏的情况下由计算所得的量，其值与泵的工作压力无关。

（3）实际流量。泵的实际流量是指泵工作时的实际输出流量。

（4）额定流量。泵的额定流量是指泵在正常工作条件下，按试验标准规定必须保证的输出流量。

由于泵存在泄漏，所以泵的实际流量或额定流量都小于理论流量。

C　功率

（1）输出功率。泵的输出为液压能，表现为压力 p 和流量 q_v。当忽略输送管路及液压缸中的能量损失时，液压泵的输出功率应等于液压缸的输入或输出功率，即泵的输出功率 P_o。

$$P_o = Fv = pAv = pq_v \tag{2-2}$$

式（2-2）表明，在液压传动系统中，液体所具有的功率，即液压功率等于压力和流量的乘积。

（2）输入功率。液压泵的输入功率为泵轴的驱动功率，其值为

$$P_i = 2\pi n T_i \tag{2-3}$$

式中，T_i 为液压泵的输入转矩，n 为泵轴的转速。

液压泵在工作中，由于有泄漏和机械摩擦，就有能量损失，故其输出功率小于输入功率 P_i，即 $P_o < P_i$。

D　效率

液压泵在能量转换过程中必然存在功率损失，功率损失可分为容积损失和机械损失两部分。

（1）容积效率。容积损失是因泵的内泄漏造成的流量损失。随着泵的工作压力的增大，内泄漏增大，实际输出流量 q 比理论流量 q_t 减少。泵的容积损失可用容积效率 η_V 表示，即

$$\eta_V = q/q_t \tag{2-4}$$

各种液压泵产品都在铭牌上注明在额定工作压力下的容积效率 η_V。

（2）机械效率。液压泵在工作中，泵内轴承等相对运动零件之间的机械摩擦、泵内转子和周围液体的摩擦和泵从进口到出口间的流动阻力都产生功率损失，这些损失都归结为机械损失。机械损失导致泵的实际输入转矩 T_i 总是大于理论上所需的转矩 T_t。理论所需转矩与实际输入转矩之比称为机械效率，以 η_m 表示，即

$$\eta_m = T_t/T_i \tag{2-5}$$

液压泵的总效率等于容积效率与机械效率的乘积，即

$$\eta = \eta_V \eta_m \tag{2-6}$$

【任务解析 2——液压泵的选用】

选择液压泵的主要原则是满足系统的工况要求，并以此为根据，确定泵的输出流量、工

作压力和结构形式。

A　确定泵的额定流量

泵的流量应满足执行元件最高速度要求,所以泵的输出流量 q 应根据系统所需的最大流量和泄漏量来确定,即

$$q \geqslant K q_{max} \tag{2-7}$$

式中　q——泵的输出流量;

　　K——系统的泄漏系数,一般 $K = 1.1 \sim 1.3$(管路长取大值,管路短取小值);

　　q_{max}——执行元件实际需要的最大流量。

由计算所得的流量选用泵时应考虑以下几种情况。

(1) 如果系统由单泵供给一个执行元件,则按执行零件的最高速度要求选用液压泵。

(2) 如果系统由双泵供油,则按工作进给的最高工进速度要求选用小流量泵,快速进给由双泵同时供油,应按快速进给的速度要求,求出快速进给的需油量,从中减去工作进给小流量泵的流量,即为大流量泵的流量。

(3) 系统由一台液压泵供油给几个执行元件,则应计算各个阶段每个执行元件所需流量,做出流量循环图,按最大流量选取泵的流量。

(4) 多个执行元件同时动作,应按同时动作的执行元件的最大流量之和确定泵的流量。

(5) 对于工作过程始终用节流阀调速的系统,在确定泵的流量时,还应加上溢流阀的最小溢流量(一般取 3 L/min)。

(6) 如果系统中有蓄能器做执行元件的能源补充,则泵的流量规格可选小些。

求出泵的输出流量后,按产品样本选取额定流量等于或稍大于计算出的泵流量 q。

B　确定液压泵的额定压力

泵的工作压力应根据液压缸的最高工作压力来确定,即

$$p \geqslant p_{max} + \sum \Delta p \text{ 或 } p \geqslant K p_{max} \tag{2-8}$$

式中　p_{max}——执行元件的最高工作压力;

　　$\sum \Delta p$——进油路和回油路的总压力损失,初算时,对于节流调速和较简单的油路,可取
0.2 ~ 0.5 MPa,对于进油路设有调速阀和管路较复杂的系统可取 0.5 ~
1.5 MPa;

　　p——泵的工作压力;

　　K——系数,考虑液压泵至执行元件管路中的压力损失,取 $K = 1.3 \sim 1.5$。

液压泵产品样本中,标明的是泵的额定压力和最高压力值。算出 p 后,应按额定压力来选择,应使被选用泵的额定压力等于或高于计算值。

C　选择液压泵的结构型式

把已确定了的 q 和 p 值与要选择的液压泵铭牌上的额定压力和额定流量进行比较,使铭牌上的数值等于或稍大于 q 和 p 值即可(注意不要大得太多)。一般情况下,额定压力为 2.5 MPa 时,应选用齿轮泵;额定压力为 6.3 MPa 时,应选用叶片泵;工作压力更高时,应选用柱塞泵;采用节流调速时,可选用定量泵;如果是大功率场合,且为容积调速或容积节流调

速时,均要选用变量泵;中低压系统采用叶片变量泵;中高压系统采用柱塞变量泵。在具体选择时,可参考表2-3所示的各类液压泵的性能特点和应用范围。

表2-3　常用液压泵的性能、特点和应用范围

项目 \ 类型	齿轮泵	叶片泵		柱塞泵	
		双作用叶片泵	单作用叶片泵	轴向柱塞泵	径向柱塞泵
输出压力	低压	中压	中压	高压	高压
流量调节	不能	不能	能	能	能
总效率	低	较高	较高	高	高
流量脉动	很大	很小	一般	一般	一般
自吸特性	好	较差	较差	差	差
对油污染的敏感性	不敏感	较敏感	较敏感	很敏感	很敏感
噪声	大	小	较大	大	大
特点	结构简单,价格便宜,自吸能力强,维护方便,耐冲击。流量不可调,脉动大,噪声大,压力低,效率低	轴承无径向力,寿命长,流量均匀,运转平稳,噪声小,结构紧凑。不能变量,定子易磨损,叶片易折断	轴承上易受单向力,易磨损,泄漏量大,压力不高。可变量,与柱塞泵比,结构简单、价格便宜	结构复杂,价格较贵。由于径向尺寸小,转动惯量小,所以转速高、流量大、压力高、变量方便、效率较高;对油污敏感耐用冲击能力稍差	结构复杂,价格较贵,但密封性好、效率高、压力较高、流量可调。但径向尺寸大,转动惯量大。此泵耐冲击能力强
应用范围	一般常用于压力小于2.5 MPa以下的小型液压设备;如送料、夹紧等机构中	各类机械设备中应用广泛。如运输机、装载机、液压机等工程机械上用得很多	中、低压液压系统中及精度较高的机械设备上常用,如高精密度塑料机、组合机床液压系统中	各类高压系统中应用非常广泛,如矿山、锻压、冶金、起重机械、造船等方面	适用于负载、功率大(压力大于10 MPa)的设备上。由于耐冲击,所以用于大型固定设备上如拉床、压力机或船舶等方面

【工作任务3】

液压泵拆装以及故障排除。

【知识学习3——齿轮泵的结构及特点】

A　齿轮泵的结构

图2-7为CBG齿轮泵的主视图,图2-8为CBN齿轮泵的外形结构。CBN型齿轮泵是我国自行设计的结构简单、性能良好的一种高压油泵,图2-9是其内部立体结构。齿轮泵采用分离三片式结构。三片是指前盖、泵体和后盖。主动齿轮轴由电动机带动旋转。泵的前盖和后盖与泵体靠两个定位销定位,用螺钉紧固连接。CBN型齿轮泵主动齿轮轴6与被动齿轮8两端采用了两个都能浮动的整体轴套2。在轴套背面设有"3"形高压油槽与高压油相通并与泵工作压力同步升高,以保证轴套与齿轮副端面有良好的贴切配合,这就是液压补偿。液压补偿可以有效地减小泵的轴向间隙泄漏,使泵在高压下工作。

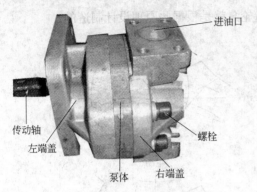

图 2-7 CBG 齿轮泵的主视图

图 2-8 CBN 系列齿轮泵外观

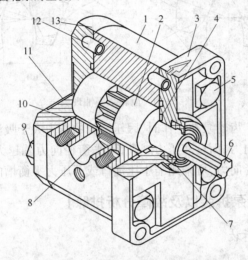

图 2-9 CBN 型泵内部结构

1—泵体;2—轴套;3—前盖;4、10—密封圈;5—螺栓;6—主动齿轮轴;7—油封;
8—被动齿轮;9—螺母;11—标牌;12—定位销;13—后盖

B 齿轮泵的结构问题与改进措施

(1) 困油。为使齿轮能够平稳工作,要求齿轮重叠系数 $\varepsilon > 1$,这样两对齿轮进入啮合的瞬间,在啮合点之间形成一个独立的封闭空间,而一部分油液被困在其中。随着齿轮的转动,该密闭容积会发生变化。密封容积由大变小时,如图 2-10(a)、(b)所示,被封闭的油液受挤压并从缝隙中挤出而产生很高的压力,油液发热,并使轴承受到额外负载;而封闭容腔由小变大时,如图 2-10(b)、(c)所示,又会造成局部真空,使溶解在油中的气体分离出来,产生气穴,从而严重地影响泵的工作稳定性和使用寿命。为此可在端盖上开有困油卸荷槽,如图 2-10 虚线所示,以减轻困油所产生的不良影响。

(2) 泄漏。外啮合齿轮泵容易产生泄漏的部位有三处:齿轮端面与端盖配合处、齿轮外圆与泵体配合处和两个齿轮的啮合处,其中端面间隙处的泄漏影响最大。要提高外啮合齿轮泵的工作压力,必须减小端面轴向间隙泄漏,一般采用齿轮端面间隙自动补偿的办法来解决这个问题,即利用特制的通道,把泵内压油腔的压力油引到浮动轴套外侧,作用在一定形状和大小的面积(用密封圈分隔构成)上,产生液压作用力,使轴套压向齿轮端面这个液压力的大小保证浮动轴套始终紧贴齿轮端面,减小端面轴向间隙泄漏,达到提高工作压力的目的。目前的浮动轴套型和浮动侧板型高压齿轮泵就是根据此原理设计制造的。

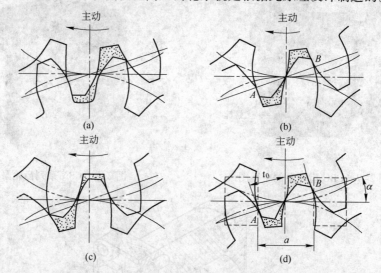

图 2-10　齿轮泵困油现象

（3）径向力不平衡。齿轮泵在工作时，因压油腔的压力大于吸油腔的压力，这样对齿轮和轴便产生不平衡的径向力，而且液压力越高，不平衡径向力就越大，它直接影响轴承的使用寿命。为减少不平衡径向力，可采用缩小压油口或开压力平衡槽的方法。

【任务解析 3——齿轮泵拆装以及故障分析排除】

A　CBG 齿轮泵的拆装

图 2-11 为 CBG 齿轮泵的零件图。其拆卸步骤如下：
（1）拆卸主视图中的螺栓、取出右端盖。
（2）取出右端盖 O 形密封圈，"3"形密封圈。
（3）取出浮动侧板，再取出泵体。
（4）取出被动齿轮和轴、主动齿轮和轴。
（5）取出左端盖上的密封圈。

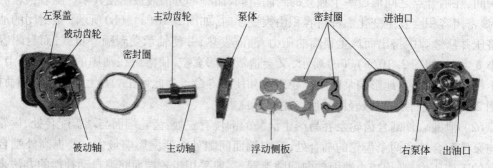

图 2-11　CBG 齿轮泵的零件图

CBG 齿轮泵的安装步骤如下：
（1）将主动齿轮（含轴）和从动齿轮（含轴）啮合后装入泵体内。

（2）装入左右浮动侧板（卸荷槽端紧贴齿轮）。

（3）装左右端盖的密封圈。

（4）用螺栓将左泵盖、泵体和右泵盖拧紧。

（5）用堵头将泵进出油口密封（必须做这一步）。

B　齿轮泵的更换安装与维护

（1）齿轮泵在更换安装时，首先要分清油泵的进油口和出油口方向，不能装反。传动电动机（或内燃机）的主轴和油泵的主轴中心高与同心度应当相同，其安装偏差不应大于0.1 mm。同时轴端应留有2~3 mm的轴向间隙，以防轴向审动时相互碰撞，一般应采用挠性联轴器。

（2）泵的安装位置，相对油箱的高度不得超过规定的吸油高度，一般应在0.5m以下。泵的吸油管不能漏气，吸油管道不宜过长、过细，弯头也不宜过多。

（3）油的黏度和油温要按样本或规程规定的牌号选用。工作油温一般在35~55℃为好。

（4）油泵启动时，先空载点动数次，如果空气没有排净，泵会产生振动与噪声，这时应将出油口连接处稍微松开一些，使泵内气体完全排除。待运动平稳后，再从空载慢慢加载运行，直到平稳后才能投入正常工作。

（5）油泵进入工作后，还要经常检查泵的运行情况，发现异常应立即查明原因，排除故障。

齿轮泵的工作油也要定期检查，通常每3个月化验一次油质性能变化状况。一般容积小于1 m³的油箱可一年换一次液压油。对环境清洁、油箱容积较大的，可依油质化验鉴定结果来决定是否换油。为保持油质清洁，样本规定的过滤器精度要保证，并且要按规程规定清洗或更换过滤器的周期进行维护。

C　外啮合齿轮泵的常见故障及排除方法

外啮合齿轮泵常见故障及排除方法见表2-4。

表2-4　齿轮泵的常见故障及排除方法

故障现象	产生原因	排除方法
齿轮泵流量不足	连接的管接头密封性不好	重新装或换新密封
	连接螺钉没有上紧	重新上紧
	吸油口过滤堵塞	清洗过滤器
	油泵的轴向间隙过大（应不大于0.04 mm）	检查齿轮与泵体宽度，采取措施保证间隙为允许值
	油箱液面过低	补充同牌号液压油
	液压油黏度过大	更换新油
	吸油管内径太小	加大吸油管直径
	吸油管拐弯太多	换新油管或加粗管径
	油泵转速过高	调到规定转速使用
	油箱盖上气滤孔堵塞	清洗通气孔气滤
	侧板与齿轮端面磨损严重	更换侧板或齿轮

续表 2-4

故障现象	产生原因	排除方法
油液产生气泡	油泵的轴颈密封损坏漏气	更换新的轴颈密封
	吸油管道接头处漏气	重新拧紧或更换接头
	回油管没有插入液面以下	把回油管加长或调正
	连接的管道或接头有漏气	处理漏气的地方
齿轮泵体过热	油的黏度过高或过低	按泵规定黏度用油
	油泵侧板与齿轮磨损严重	修理或更新
	油老化使吸油阻力增大	更换新油
	冷却不好	改进冷却装置,使冷却水畅通
	油箱设计容积太小	增大油箱容积
	环境辐射热影响	采取隔热措施

【知识学习 4——叶片泵的结构及特点】

A　YB$_1$ 系列双作用叶片泵的构造

图 2-12 为 YB$_1$-25 型叶片泵装配图。在左泵体 1 和右泵体 7 内安装有定子 5、转子 4、左配流盘 2 和右配流盘 6。转子 4 上开有 12 条具有一定倾斜角度的槽,叶片 3 装在槽内。转子由传动轴 11 带动回转,传动轴由左、右泵体内的两个径向球轴承 12 和 9 支承。盖板 8 与传动轴间用两个油封 10 密封,以防止漏油和空气进入。定子、转子和左、右配流盘用两个螺钉 13 组装成一个部件后再装入泵体内,这种组装式的结构便于装配和维修。螺钉 13 的头部装在左泵体后面孔内,以保证定子及配流盘与泵体的相对位置。

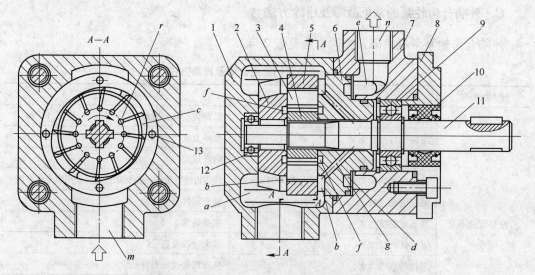

图 2-12　YB$_1$-25 型叶片泵装配图

1—左泵体;2—左配流盘;3—叶片;4—转子;5—定子;6—右配流盘;7—右泵体;
8—泵盖;9,12—轴承;10—油封;11—泵轴;13—连接螺钉

油液从吸油口 m 经过空腔 a，从左、右配流盘吸油窗口 b 吸入，压力油从压油窗口 c 经右配流盘中的环槽 d 及右泵体中环形槽 e，从压油口 n 压出。转子 4 两侧泄漏的油液，通过传动轴 11 与右配流盘孔中的间隙，从 g 孔流回吸油腔 b。

B　双作用叶片泵的结构特点

（1）双作用叶片泵叶片倾角前倾 10°～14°，如图 2-13 所示，目的是减小压力角，减小叶片与槽之间的摩擦，有利于叶片在槽内滑动。

（2）定子内曲线用综合性能较好的等加速等减速曲线作为过渡曲线，且过渡曲线与弧线交接处应圆滑过渡，以减少冲击、噪声和磨损。

（3）为使径向力完全平衡，密封容积数（即叶片数）应当为双数。

（4）为保证叶片紧贴定子内表面，可靠密封，在配流盘对应于叶片根部处开有一环形槽 f（见图 2-14），槽内有两通孔 h 与压油孔道相通，从而引入压力油作用于叶片根部。两个凹形孔 b 为吸油窗口，两个腰形孔 c 为压油窗口，b 窗口和 c 窗口之间为封油区。三角尖槽 s 减缓油液从低压腔进入高压腔的突然升压，以减少压力脉动和噪声。

（5）双作用泵不能改变排量，只作定量泵用。

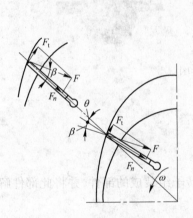

图 2-13　叶片的倾角

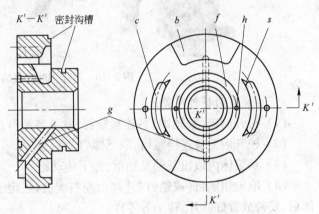

图 2-14　叶片泵的配流盘

C　单作用叶片泵的结构特点

（1）叶片采用后倾 24°安放，其目的是有利于叶片从槽中甩出。

（2）移动定子位置以改变偏心距，就可以调节泵的输出流量。

（3）单作用叶片泵的转子及轴承上承载着不平衡的径向力，这限制了泵工作压力的提高，故泵的额定压力不超过 7 MPa。

（4）单作用叶片泵的流量具有脉动性。泵内叶片数越多，流量脉动率越小，奇数叶片泵的脉动率比偶数叶片泵的脉动率小，所以单作用的叶片数均为奇数，一般为 13 片或 15 片。

【任务解析 4——叶片泵拆装以及故障分析排除】

A　叶片泵的拆装

图 2-15 为双作用叶片泵的总成图，图 2-16 为双作用叶片泵的零件图。

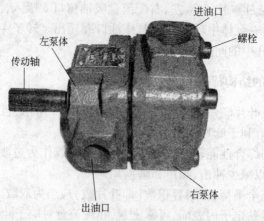

图 2-15　双作用叶片泵的总成图

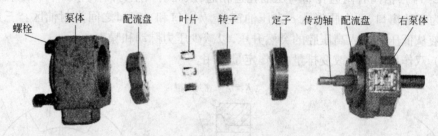

图 2-16　双作用叶片泵的零件图

a　叶片泵的拆卸步骤

（1）松开前盖（泵轴端）各连接螺钉,取下各螺钉及泵盖。

（2）松开后盖各连接螺钉,取下螺钉及后盖。

（3）从泵体内取出泵轴及轴承,卸下传动键。

（4）取出用螺钉（或销钉）连接由左右配流盘、定子、转子组装成的部件,并将此部件解体后,妥善放置好叶片、转子等零件。

（5）检查各 O 形密封圈,已损坏或变形严重者更换。

（6）检查泵轴密封的两个骨架油封,如其阻油唇边损坏或自紧式螺旋弹簧损坏则必须更换。

（7）把拆下来的零件用清洗煤油或轻柴油清洗干净。

b　叶片泵的安装步骤

（1）清除零件毛刺。

（2）用煤油或轻柴油清洗干净全部零件。

（3）将叶片涂上润滑油（最好用与泵站相同的工作介质油）装入各叶片槽。注意叶片方向,有倒角的尖端应指向转子上叶片槽倾斜方向。装配在转子槽内的叶片应移动灵活,手松开后由于油的张力叶片一般不应下掉,否则,配合过松。定量泵配合间隙 0.02 ~ 0.025 mm,变量泵 0.025 ~ 0.04 mm。

（4）把带叶片的转子与定子和左右配流盘用销钉或螺钉组装成泵心组合部件。注意事项有:

1）定子和转子与配流盘的轴向间隙应保证在 0.045 ~ 0.055 mm 以防止泄漏增大。

2）叶片的宽度应比转子厚度小 0.05 ~ 0.01 mm。同时,叶片与转子在定子中应保持正确的装配方向,不得装错。

(5) 把泵轴及轴承装入泵体。

(6) 把各 O 形密封圈装入相应的槽内。

(7) 把泵心组件穿入泵轴与泵体合装。此时,要特别注意泵轴转动方向与叶片倾角方向之间的关系,双作用叶片泵指向转动方向,单作用叶片泵背向转动方向。

(8) 把后泵盖(非动力输入端泵盖)与泵体合装,并把紧固螺钉装上。注意紧固螺钉的方法:应成对角方向均匀受力,分次拧紧,并同时用手转动泵轴,保证转动灵活平稳,无轻重不一的阻滞现象。

(9) 把两个骨架油封涂润滑油转入前泵盖,不要损坏油封唇边,注意唇边朝向(两者背靠背),自紧弹簧要抱紧不脱落。

(10) 前泵盖穿入泵轴与泵体合装,装上传动键。

(11) 用塑料堵封好油口。

拆装国产叶片泵时,要注意:

(1) 双作用定量叶片泵的叶片向前(即顺旋转方向)倾斜 10°~14°,单作用变量叶片泵叶片则向后倾斜 24°左右。

(2) 叶片的一端是平的,另一端是斜的,或单边倒角,其中斜的一端应与定子内表面接触,且锐角向前,倒角一边向后。

(3) 在大于 13.7 MPa 级的叶片泵中,叶片的形式较多,检修拆卸时,必须记好安装的方向与位置。装配时,应按拆卸顺序逐一进行装配,或按装配图所示进行。

B　叶片泵的更换、维护及检修

a　叶片泵的更换

叶片泵是一种较精密的设备,在更换安装时应注意如下事项:

(1) 叶片泵安装时,吸油管高度一般应小于 500 mm。

(2) 更换泵时吸油管接头处一定要拧紧,且密封件的放置要正确无损,保证不漏气。否则油气一块吸入泵内会产生噪声,降低效率,缩短使用寿命。

(3) 在泵的吸入端可装上精度为 74~150 μm 的过滤器,其流量应大于泵输出流量的 2 倍。

(4) 叶片泵所用的油箱,最好为封闭式,且内表面最好涂上防锈油漆。油箱的容量应是叶片泵流量的 5 倍以上,如果条件限制达不到 5 倍以上也应加上强制性冷却器。

(5) 叶片泵滑动件间的间隙很小,脏物吸入很容易使泵磨伤或卡塞,这就要求元件或系统拆装时,必须按防污染规程操作。回油管必须插入油箱液面以下,以防止回油飞溅产生气泡。

(6) 安装时注意泵上进出油口转向与标记,转向不得反接。泵轴与电动机轴的偏心在 0.05 mm 以内,两轴的角度误差应在 1°以内,否则易使泵端密封损坏,引起噪声。

(7) 不准随意拧动泵端上的螺钉,以保持泵出厂的调试间隙,拧松或拧得过紧都将改变泵性能。只有在有试验台测试的条件下,才宜做检修处理。

(8) 传动液应采用样本说明书推荐选择用油的牌号。泵的工作油温最好保持在 35~55℃之间。超过 60℃应加冷却器或停机。

(9) 经常校对系统的工作压力是否与泵的额定压力相符,不允许长时间让泵超载运行。

（10）泵在安装之前，要先往吸入腔口注入一些清洁的工作油液，同时用手扳动泵轴，感觉转动轻松不别劲后再装机。

b　叶片泵的维护与检修

叶片泵在维护、检修时应注意以下事项：

（1）经常按维修规程规定，清洗过滤器，保持油液吸入畅通。

（2）定期更换工作油，周期视工作条件和油液检查化验结果而定。一般情况下，可一年更换一次。

（3）发现油液外漏或吸入空气，应及时处理和补充同牌号的新油。

（4）确诊油泵发生故障时，应及时修理。若有条件可自行检修。

C　叶片泵的常见故障及排除方法

叶片泵常见故障及排除方法见表2-5。

表 2-5　叶片泵的常见故障和排除方法

故障现象	产生原因	排除方法
叶片泵吸不上油或没有压力	油的黏度过高，使叶片在转子槽中运动不灵活	采用推荐牌号或适当地提高油的工作温度
	油箱中液面过低	加新油至油箱油标规定液位
	泵体内有砂眼，沟通了进出油腔	更换新泵
	油泵与电动机的转向不一致	纠正电动机转向
	启动时转速太低	加大转速（增大到泵的最低转速以上）
	进口端漏气	更换密封或修理零件密封面
	配流盘的端面与泵体内平面接触不良，高、低压腔沟通了	整修配流盘的平面（一般情况是配流盘背面常受压力，使其变形严重）
	叶片在转子槽内卡死（由于泵出厂后库存时间太久，油污、灰尘进入泵内）	要拆洗重装，并重新调试
	吸油端过滤器堵塞	清洗过滤器
	花键轴折断	更换新轴
泵的压力升不上去，即使升上去表头指针又不稳定	吸入空气	检查入口端盖是否有泄漏，是否进入空气，过滤器是否堵塞
	个别叶片运动不灵活	检查叶片在转子槽中有否被脏物卡死，并认真清洗
	顶盖处螺钉松动，轴向间隙增大，容积效率下降	适当拧紧螺钉，保证配合间隙
	叶片在转子槽内方向装错	纠正叶片在槽内安装方向
	溢流阀压力设定得太低或者阀芯关不死	借助于系统中的压力，调整好溢流阀的压力或将阀拆开，把阀座处的油污、灰尘及铁屑等清洗干净
	系统泄漏太大	逐个元件检查泄漏，同时也要检查压力表是否在故障状态
	定子内表面磨损严重，叶片不能与定子内表面良好接触	更换新零件
	长期运行或油内脏物使配流盘端面磨损严重，使漏损增大	更换配件或换新泵

续表 2-5

故障现象	产生原因	排除方法
泵的噪声过大	过滤器堵塞	清洗干净
	泵体内流道堵塞	清理或换泵
	泄漏孔未钻透,泄漏增大,使油封损坏	把泵体内泄漏孔加工通
	泵端密封磨损	在轴端油封处涂上黄油,若噪声减小,即应更换油封
	吸入端漏气	用涂黄油的办法,逐个检查吸油端管接头处,如噪声减小,即应紧固接头
	泵盖螺钉由于振动过松	将螺钉连接处涂上黄油,若噪声减小,则可适当坚固螺钉
	泵与电动机轴不同心	重调到同心
	油的黏度过高、油污、油箱中液面太低,以至产生的气泡太多	更换新油或补加新油
	转子的叶片槽两侧面与转子两端面不垂直,或转子花键槽与转子两端面不垂直	更换新泵或转子
	入口过滤器能力太小,吸油不畅	改选合适的过滤器
	泵的转速太高	将转速调到最高转速以下

【知识学习5——斜盘式轴向柱塞泵的结构】

图 2-17 是目前使用比较广泛的一种斜盘式轴向柱塞泵的结构图。它由主体部分和变量机构组成。

(1) 主体部分:缸体和配流盘装在泵壳内,缸体与轴用花键连接,缸体的轴向缸孔内各装一个柱塞,柱塞的球状头部装在滑靴的球面凹槽内加以铆合,滑靴的端面与斜盘为平面接触。

(2) 手动变量机构位于泵的左半部,螺杆与变量柱塞用螺纹连接。转动手轮时,变量柱塞沿导向键做轴向移动,使斜盘绕钢球中心转动。调节斜盘的倾角就能改变泵的输出流量,手动变量一般在空载时进行,流量调定后用锁紧螺母拧紧。

下面介绍 CY14－1 型轴向柱塞泵的结构特点。

(1) 滑履结构。各柱塞以球形头部直接接触斜盘而滑动,柱塞头部与斜盘之间为点接触,泵工作时,柱塞头部接触应力大,极易磨损,故一般轴向柱塞泵都在柱塞头部装一滑履 21,改点接触为面接触,并且各相对运动表面之间通过小孔引入压力油,实现可靠的润滑,大大降低了相对运动零件表面的磨损。这样,就有利于泵在高压下工作。

(2) 中心弹簧机构。柱塞头部的滑履必须始终紧贴斜盘才能正常工作。图 2-17 中用一个定心弹簧 16,通过钢球 11 和回程盘 10 将滑履压向斜盘,从而使泵具有较好的自吸能力。这种结构中的弹簧只受静载荷,不易疲劳损坏。

(3) 缸体端面间隙的自动补偿。由图 2-17 可见,使缸体紧压配流盘端面的作用力,除弹簧 16 的推力外,还有柱塞孔底部台阶面上所受的液压力,此液压力比弹簧力大得多,而且随泵的工作压力增大而增大。由于缸体始终受力紧贴着配流盘,就使端面间隙得到了自动补偿,提高了泵的容积效率。

（4）变量机构。在变量轴向柱塞泵中均设有专门的变量机构，用来改变斜盘倾角 γ 的大小以调节泵的排量。轴向柱塞泵的变量方式有多种，其变量机构的结构形式亦多种多样。图 2-17 中，手动变量机构设置在泵的左侧。变量时，转动手轮 9，螺杆 7 随之转动，因导向键的作用，变量活塞 5 便上下移动，通过销 2 使支承在变量壳体上的斜盘 4 绕其中心转动，从而改变了斜盘倾角 γ。手动变量机构结构简单，但手操纵力较小，通常只有在停机或泵压较低的情况下才能实现变量。

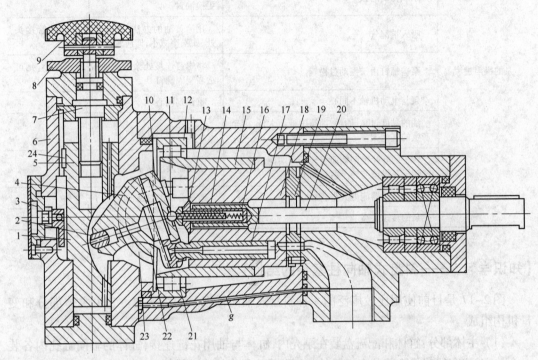

图 2-17　CY14 - 1 型轴向柱塞泵的结构图

1—拨叉连接销；2—斜盘轴销；3—刻度盘；4—斜盘；5—变量活塞；6—变量壳体；7—螺杆；8—锁紧螺母；9—调节手轮；
10—回程盘；11—钢球；12—滚柱轴承；13，14—定心弹簧内、外套；15—缸套；16—定心弹簧；17—柱塞；
18—缸体；19—配流盘；20—传动轴；21—滑靴；22—耳轴；23—铜瓦；24—导向键

【任务解析 5——轴向柱塞泵拆装以及故障分析排除】

A　CY14 - 1 型轴向柱塞泵的拆装、修理

图 2-18 为 CY14 - 1B 型泵主体部分零件的分解立体图。

a　拆卸

（1）松开主体部与变量部的连接螺钉，卸下变量部分，注意变量头（斜盘）及止推板不要滑落，事先在泵下用木板或胶皮接住预防。变量部卸下后要妥善放置并防尘。

（2）连同回程盘 15 取下 7 套柱塞 16 与滑靴 14 组装件。如果柱塞卡死在缸体 40 中而研伤缸体，一般冶金厂难以修复，则此泵报废，换新泵。

（3）从回程盘 15 中取出 7 个柱塞与滑靴组件。

（4）从传动轴 26 花键端内孔中取出钢球 10、中心内套 11、中心弹簧 12 及中心外套 13

组装件,并分解成单个零件。

（5）取出缸体 40 与钢套 17 组合件,两者为过盈配合不分解。

（6）取出配流盘 9。

（7）拆下传动键 27。

（8）卸掉端盖螺钉 1 及端盖 2 及密封件 3～6。

（9）卸下传动轴 26 及轴承组件 21～25。

（10）卸下连接螺钉 7,将外壳体 18 与中壳体 28 分解,注意外泵体上配流盘的定位销不要取下,准确记住装配位置。

（11）卸下滚柱轴承 32。

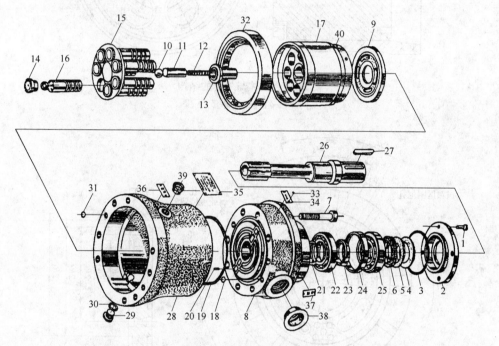

图 2-18　主体部分解体图

1—端盖螺钉;2—端盖;3,19,30,31—密封圈;4,5,6—组合密封圈;7—连接螺钉;8—外壳体;9—配流盘;
10—钢球;11—中心内套;12—中心弹簧;13—中心外套;14—滑靴;15—回程盘;16—柱塞;
17—缸体外镶钢套;18—小密封圈;20—配流盘定位销钉;21—轴用挡圈;22,25—轴承;
23—内隔圈;24—外隔圈;26—传动轴;27—键;28—中壳体;29—放油塞;
32—滚柱轴承;33—铝铆钉;34—旋向牌;35—铭牌;36,37—标牌;
38—防护塞;39—回油旋塞;40—缸体

b　简单修理

（1）缸体的修理。缸体与外套的结构如图 2-19 所示。

缸体通常用青铜制造,外套用轴承钢制造。

缸体易磨损部位是与柱塞配合的柱塞孔内圆柱面和与配流盘接触的端面,端面磨损后可先在平面磨床上精磨端面,然后再用氧化铬抛光,轻度磨损时研磨便可。

（2）配流盘的修理。配流盘的结构如图 2-20 所示。

CY14-1B 型泵在工作过程中,经常出现泵升不起压或压力提不高,泵打不出油或流量不足等故障,这些故障有相当部分是因为用油不清洁,使配流盘磨损、咬毛甚至出现烧盘,引起配流盘与缸体配流平面、配流盘与泵体配流面之间配合不贴切,降低密封性能而造成泄漏所致。

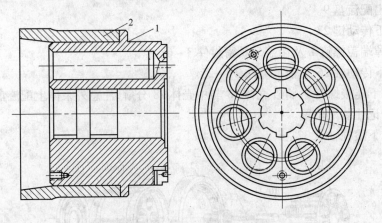

图 2-19　缸体与外套的结构
1—缸体;2—外套

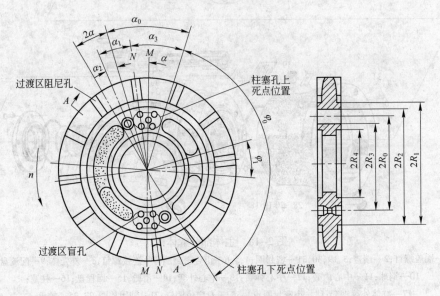

图 2-20　配流盘的结构

对于拉毛、磨损不太严重的配流盘,可采取手工研磨的方法来加以修理解决。

研磨过程中,研磨的压力和速度对研磨效率和质量甚有影响。对配流盘研磨时,压力不能太大,若压力太大,被研磨掉的金属就多,工作表面粗糙度大,有时甚至还会压碎磨料而划伤研磨表面。

配流盘研磨加工用的磨料多为粒度号数为 W10(相当旧标准 M10)的氧化铝系或金刚石系微粉。研磨时,可以此磨料直接加润滑油,一般用 10 号机械油即可。在精研时,可用 1/3 机油加 2/3 煤油混合使用,也可用煤油和猪油混合使用(猪油含动物性油酸,能增加表面光洁度)。

(3)柱塞与滑靴修理。柱塞与滑靴的装配及工作情况如图 2-21 所示。在压油区,柱塞将滑靴推向止推板,而在吸油区是滑靴通过回程盘把柱塞从缸体孔中拉出来。泵每转一次,就推、拉一次,天长日久滑靴球窝被拉长而造成"松靴"。修理的办法是用专用胎具再次压合,这需要专用胎具或到高压泵生产厂进行。

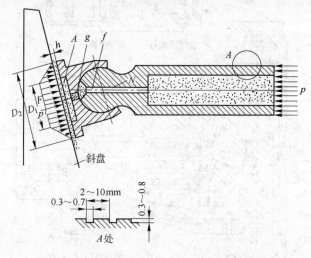

图2-21　柱塞与滑靴结构及静压轴承原理

柱塞表面轻度损伤是拉伤、摩擦滑痕,对此类轻度损伤,只需用极细的油石研去伤痕;重度咬伤一般难于修复,而且修复价格昂贵,不如换新泵。

（4）检查缸套滚柱轴承及传动轴上的两轴承磨损情况,磨损严重、游隙大的要更换新轴承。

（5）检查各密封圈,破损、变形者要更换。

c　装配

如图2-18所示,修理后的柱塞泵装配步骤如下:

（1）用煤油或汽油清洗干净全部零件。

（2）将密封圈19装入外壳体8的槽中。

（3）将外壳体8及中壳体28用连接螺钉7合装。

（4）将滚柱轴承32装入中壳体28孔中。

（5）将传动轴26及轴承组件21～25装入外壳体8中。

（6）将密封圈3装入端盖2,将密封组件3～6装入端盖2。

（7）将端盖2与外壳体8合装,用端盖螺钉1紧固。

（8）将配流盘9装入外壳体端面贴紧,用定位销定位(注意定位销不要装错)。

（9）将缸体装入中壳体中,注意与配流盘端面贴紧。

（10）将中心内套11、中心弹簧12及中心外套13组合后装入传动轴内孔。

（11）在钢球10上涂抹清洁黄油黏在弹簧中心内套11的球窝中,防止脱落。

（12）将7套滑靴14与柱塞16组件装入回程盘孔中。

（13）将滑靴、柱塞、回程盘组件装入缸体孔中,注意钢球不要脱落。

（14）装上传动键27。

B　PCY14-1型变量轴向柱塞泵变量部拆装、修理

图2-22为PCY型恒压变量轴向柱塞泵结构图,其左半部为变量部。

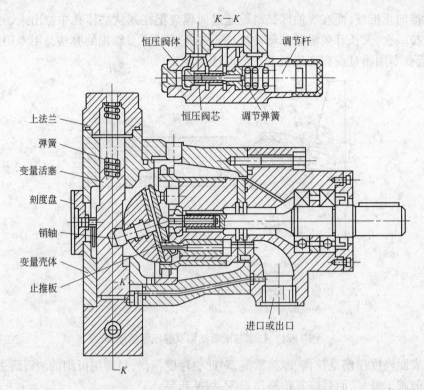

图 2-22 PCY 型恒压变量轴向柱塞泵结构图

a 拆卸

（1）拆下变量头组件，卸下止推板，如止推板背面一般不易磨损，可不拆销轴。

（2）拆下恒压变量阀，将阀体、阀芯、调节弹簧及调节杆分解。

（3）拆下上法兰，取出弹簧及变量活塞。

b 简单修理

（1）止推板的修理。止推板的易磨损面为与滑靴的接触面，此表面可在平板上研磨修复，磨损划伤印痕较深时可在平面磨床上精磨后再研磨。

（2）恒压阀芯的修理。如有拉毛、滑伤，可用细油石和细纱布修磨掉滑痕。

（3）检查恒压变量调节弹簧是否扭曲变形，如变形更换新弹簧。

（4）变量活塞一般不易磨损，如有磨痕、修磨即可。

（5）检查变量活塞上部弹簧是否扭曲变形，变形严重的更换新弹簧。

c 装配

（1）用煤油或柴油清洗干净全部零件。

（2）将变量活塞装入变量壳体。

（3）将恒压变量控制阀组装后与变量壳体合装。

（4）将变量弹簧装入变量壳体上腔，装上法兰。

（5）将变量头销轴装入变量活塞。

（6）将止推板装入变量头销轴。

（7）将变量壳体与中泵体间的大密封圈装入密封槽。

d 总装

（1）把主体部与变量部准备好。

（2）把主体部与变量部之间的两个小胶圈装入中泵体孔槽。

（3）把变量部与主体部合装，注意止推板要与各滑靴平面贴合，上各连接螺钉。

拆装注意事项如下：

（1）在拆装、修理过程中要确保场地、工具清洁，严禁污物进入油泵。

（2）拆装、清洗过程中，禁用棉纱、破布擦洗零件，应当用毛刷、绸布，防止棉丝头混入液压系统。

（3）柱塞泵为高精度零件组装而成，拆装过程中要轻拿轻放，勿敲击。

（4）装配过程中各相对运动件都要涂与泵站工作介质相同的润滑油。

C CY14-1型泵的常见故障及排除方法

CY14-1型泵的常见故障及排除方法见表2-6。

表2-6 CY14-1型泵的常见故障与排除方法

故障现象	产生原因	排除方法
泵不排油或压力升不起来	油泵的旋转方向不对	调整原动机的转向
	辅助供油泵未启动	应先启动供油泵
	油箱中液面过低	补加新油至标准液位
	在自吸工况时，进油滤器堵塞	清洗或切换备用滤器
	油的黏度过高	使用推荐黏度油或加温
	传动轴或联轴器断开了	更换损坏的零件
	在自吸工况时，吸油管接头漏气	检查漏气部位并紧固
	溢流阀调整压力太低或溢流阀故障	调整溢流阀压力或检修阀
	系统有泄漏（如油缸、单向阀等）	对系统顺次检查处理
	配流盘或柱塞缸磨损，或配流盘定位销未装好	拆泵检查修理或换新备品
	原动机功率小了	更换原动机
	压力补偿变量泵达不到系统要求压力，应检查： （1）变量机构是调到所要求的功率特性； （2）泵的高压流量太小，因温度太高，也建立不起压力	排除方法： （1）重新调泵变量特性； （2）降低系统温度，更换温升高而漏损过大的元件或重调泵特性
流量不足	斜盘倾角太小，使流量减小	加大斜盘倾角
	转速过低	提高转速
	泵内部磨损严重，内泄漏过大	检查修理
泵回油管泄漏油严重	配流盘、滑履、柱塞、柱塞缸等主要零件严重磨损坏	拆泵检查修理
	配流盘与泵体之间没有贴紧	拆泵检查重装
	变量机构的活塞磨损严重，使间隙增大（主要对ZB型泵）	更换活塞，使其与后泵盖配合间隙为0.01~0.02 mm

故障现象	产生原因	排除方法
泵体过度发热	油的黏度过高	更换推荐用油牌号
	工作压力过高	检查管路阻力及负荷情况
	转速过高	降低转速
	冷却器不起作用,在无冷却器情况下,油箱容量过小	核算冷却面积或排除冷却器故障,加大油箱容积
	环境温度过高	吹风或用其他降温措施
	油箱温度不高,但泵发烫的原因: (1) 长时间在小偏角(在零偏角附近)或低压(7.8 MPa 以下)运转,使油泵内漏泄过小引起发热; (2) 漏损过大,使泵发热	排除方法: (1) 改装油路进行强制循环冷却即将系统经过冷却器、过滤器的回油分流出一部分,从泵的放油口进入泵内,强制循环冷却; (2) 检修油泵
油泵发出异常噪声	噪声过大的多数原因是油泵吸油不足所致。如吸油管径太细,阻力过大;油箱面过低;油黏度过低或油温太低;或者吸油管接头漏气;系统回油管不在油箱液面以下	改换吸油管径,缩短长度,减少弯头,油箱补油;调节油温;排除漏气;将系统所有回油管插入液面下 200 mm,以防止空气混入系统
	油泵在正常使用中噪声突然变大,可能柱塞球头与滑履松动或泵内零件损坏	拆开检修,但原则上送制造厂修复为宜
	泵轴与原动机轴不同心	重新调整

单元 2　液压控制阀使用与维护

【工作任务 1】

方向控制阀的使用与维护。

液压控制阀是液压系统中用来控制液流方向、压力和流量的元件。借助这些阀,便能对执行元件的启动、停止、运动方向、速度、动作顺序和克服负载的能力进行调节与控制,使各类液压机械都能按要求协调地进行工作。液压阀按功用可分为三大类,即方向控制阀、压力控制阀、流量控制阀。

方向控制阀的作用是控制油液的通、断和流动方向。它分单向阀和换向阀两类。

【知识学习 1——单向阀的作用原理】

A　普通单向阀

普通单向阀只允许液流沿着一个方向流动,反向被截止,故又称止回阀。按流道不同,普通单向阀有直通式和直角式两种,如图 2-23(a)、(b)所示。当液流从进油口 P_1 流入时,克服弹簧 3 作用在阀芯 2 上的作用力以及阀芯 2 与阀体 1 之间的摩擦力而顶开阀芯,并通过阀芯上的径向孔 a、轴向孔 b 从出油口 P_2 流出;当液流反向从 P_2 口流入时,在液压力和弹簧力共同作用下,阀芯压紧在阀座上,使阀口关闭,实现反向截止。普通单向阀的图形符号如图 2-23(c)所示。

B　液控单向阀

液控单向阀与普通单向阀相比,在结构上增加了一个控制活塞 1 和控制油口 K,如图

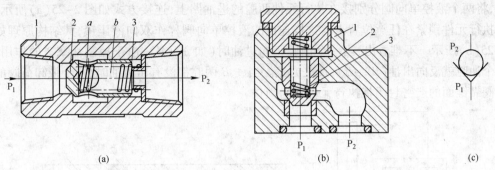

图2-23 单向阀

(a) 直通式;(b) 直角式;(c) 图形符号

1—阀体;2—阀芯;3—弹簧

2-24(a) 所示。除了可以实现普通单向阀的功能外,液控单向阀还可以根据需要由外部油压来控制,以实现逆向流动。当控制油口 K 没有通入压力油时,它的工作原理与普通单向阀完全相同,压力油从 P_1 流向 P_2,反向被截止。当控制油口 K 通入控制压力油 p_K 时,控制活塞1向上移动,顶开阀芯2,使油口 P_1 和 P_2 相通,油液反向通过。为了减小控制活塞移动时的阻力,设一外泄油口 L,控制压力 p_K 最小应为主油路压力的30% ~ 50%。

图2-24(b)为带卸荷阀芯的液控单向阀。当控制油口通入压力油 p_K,控制活塞先顶起卸荷阀芯3,使主油路的压力降低,然后控制活塞以较小的力将阀芯2顶起,使 P_1 和 P_2 相通,可用于压力较高的场合。液控单向阀的图形符号如图2-24(c)所示。

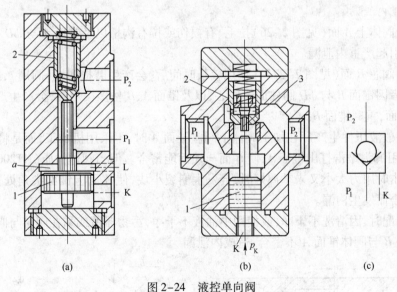

图2-24 液控单向阀

(a) 液控单向阀;(b) 带卸荷阀芯的液控单向阀;(c) 图形符号

1—控制活塞;2—阀芯;3—卸荷阀芯

【任务解析1——单向阀的使用与维护】

A 单向阀的使用

由于单向阀具有优良的密封性,所以液控单向阀广泛用于保压、锁紧和平衡回路中。另外,将两个液控单向阀分别接在执行元件两腔的进油路上,连接方式如图 2-25(a)所示,可将执行元件锁紧在任意位置上。这样连接的液控单向阀称作双向液压锁,其结构原理如图 2-25(b)所示。不难看出,当一个油腔正向进油时(如 $A \rightarrow A'$),由于控制活塞 2 的作用,另一个油腔就反向出油($B' \rightarrow B$),反之亦然。当 A、B 两腔都没有压力油时,两个带卸荷阀的单向阀靠锥面的严密封闭将执行元件双向锁住。

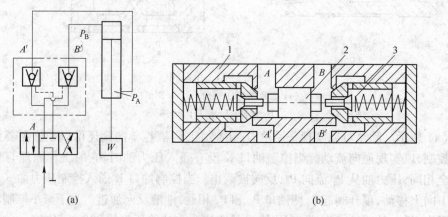

(a)　　　　　　　　　　　　　　　　　　　(b)

图 2-25　液压锁的应用

1—阀体;2—控制活塞;3—顶杆

B　单向阀故障分析及排除

a　严重内泄漏

(1)当阀体上 A 面(见图 2-26)拉毛、有损伤或拉有沟槽以及锥面 A 与 ϕD 内圆面不同心时,就会引起严重内泄漏。

(2)当阀芯 B 面(见图 2-27)在使用较长时间后,会产生磨损凹坑(圆周),或者拉有直槽伤痕,或者因锥面 B 与 ϕD 圆柱面不同心,以及锥面 A、B 呈多棱形时,会产生严重内泄漏。需校正 ϕD 面,重磨锥面 B。

(3)一般液压件生产厂在加工阀体上阀座锥面 A 时,不采用机加工,而是将阀芯(或钢球)装入后用锤头敲击打出锥面 A,使 B 面与 A 面能密合。但当阀体材质(HT200)或金相组织不好,敲击时用力大小又未掌握好时,会发生崩裂小块,使 A 面上锥面尖角处呈锯齿状圆圈,不能密合而发生内漏。

(4)装配时,因清洗不干净,或使用中油液不干净,污物滞留或黏在阀芯与阀座面之间,使阀芯锥面 B 与阀体锥面 A 不密合,造成内泄漏。

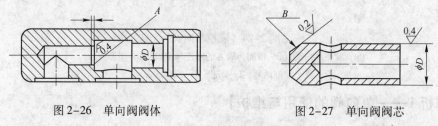

图 2-26　单向阀阀体　　　　　　　　　　图 2-27　单向阀阀芯

b　不起单向阀作用

所谓不起单向阀作用是指反向油液也能通过单向阀。产生原因除了上述内泄漏大的原

因外,还有以下几点:

(1)单向阀阀芯因棱边及阀体沉割槽棱边上的毛刺未清除干净,将单向阀阀芯卡死在打开位置上,此时应去毛刺,抛光阀芯。

(2)阀芯与阀体孔因配合间隙过小、油温升高引起的变形、阀安装时压紧螺钉力过大造成的阀孔变形等原因,阀芯卡死在打开位置。可适当配研阀芯,消除因油温和压紧力过大造成的阀芯卡死现象。

(3)污物进入阀孔与阀芯的配合间隙内而卡死阀芯,使其不能关闭。可清洗与换油。

(4)阀体孔几何精度不好以及其他原因(如材质不好)造成的液压卡紧,此时应检查阀孔与阀芯几何精度(圆度与柱度),一般须在 0.003 mm 之内。

c　外泄漏

(1)管式单向阀的螺纹连接处,因螺纹配合不好或螺纹接头未拧紧而发生外泄漏。此时须拧紧接头,并在螺纹之间缠绕聚四氟乙烯胶带密封或用 O 形圈密封。

(2)板式阀的外泄漏主要发生在安装面及螺纹堵头处,可检查该位置处的 O 形圈密封是否可靠,根据情况予以排除。

(3)阀体有气孔砂眼,被压力油击穿造成的外漏,一般要焊补或更换阀体。

【知识学习 2——滑阀式换向阀的作用原理】

换向阀是利用阀芯相对阀体位置的改变,使油路接通、断开或改变油液方向,从而控制执行元件的启动、停止或改变其运动方向的液压阀。

A　分类

换向阀的种类很多,具体类型详见表 2-7。

表 2-7　换向阀的类型

分类方式	类型
按阀芯结构分类	滑阀式、转阀式、球阀式
按工作位置数量分类	二位、三位、四位
按通路数量分类	二通、三通、四通、五通等
按操纵方式分类	手动、机动、电磁、液动、电液动等

B　换向阀的工作原理

图 2-28 为滑阀式换向阀的工作原理图。当阀芯向右移动一定距离时,液压泵的压力油从阀的 P 口经 A 口进入液压缸左腔,推动活塞向右移动,液压缸右腔的油液经 B 口流回油箱;反之,活塞向左运动。

C　换向阀的图形符号

换向阀图形符号的含义如下:

(1)用方框表示阀的工作位置,有几个方框就表

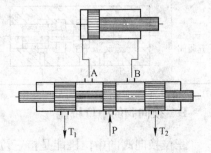

图 2-28　换向阀的工作原理图

示几个工作位置。

（2）每个换向阀都有一个常态位，即阀芯未受外力时的位置。字母应标在常态位，P 表示进油口，O 表示回油口，A、B 表示工作油口。

（3）常态位与外部连接的油路通道数表示换向阀通道数。

（4）方框内的箭头表示该位置时油路接通情况，并不表示油液实际流向。

（5）换向阀的控制方式和复位方式的符号应画在换向阀的两侧。

常用换向阀的结构原理、功用及图形符号见表 2-8。

表 2-8　常用滑阀式换向阀的结构原理和图形符号

名称	结构原理图	职能符号	备　注	
二位二通阀			控制油路的接通与切断（相当于一个开关）	
二位三通阀			控制液流方向（从一个方向变换成另一个方向）	
二位四通阀			不能使执行元件在任一位置处停止运动	执行元件正反向运动时回油方式相同
三位四通阀			控制执行元件换向	能使执行元件在任一位置处停止运动
二位五通阀			不能使执行元件在任一位置处停止运动	执行元件正反向运动时可以得到不同的回油方式
三位五通阀			能使执行元件在任一位置处停止运动	

D　换向阀的中位机能

三位换向阀的中位机能是指三位换向阀常态位置时，阀中内部各油口的连通方式，也可称为滑阀机能，表 2-9 表示各种三位换向阀的中位机能和符号。

表2-9　三位换向阀的中位机能和符号

机能代号	结构原理图	中位图形符号		机能特点和作用
		三位四通	三位五通	
O				各油口全部封闭,缸两腔封闭,系统不卸荷。液压缸充满油,从静止到启动平稳;制动时运动惯性引起液压冲击较大;换向位置精度高。在气动中称为中位封闭式
H				各油口全部连通,系统卸荷,缸成浮动状态。液压缸两腔接油箱,从静止到启动有冲击;制动时油口互通,故制动较O型平稳;但换向位置变动大
P				压力油口P与缸两腔连通,可形成差动回路,回油口封闭。从静止到启动较平稳;制动时缸两腔均通压力油,故制动平稳;换向位置变动比H型的小,应用广泛。在气动中称为中位加压式
Y				油泵不卸荷,缸两腔通回油,缸成浮动状态。由于缸两腔接油箱,从静止到启动有冲击,制动性能介于O型与H型之间。在气动中称为中位泄压式
K				油泵卸荷,液压缸一腔封闭一腔接回油箱。两个方向换向时性能不同
M				油泵卸荷,缸两腔封闭,从静止到启动较平稳;制动性能与O型相同;可用于油泵卸荷液压缸锁紧的液压回路中
X				各油口半开启接通,P口保持一定的压力;换向性能介于O型和H型之间

　　换向阀中位性能对液压系统有较大的影响,在分析和选择中位性能时一般作如下考虑:

　　(1)系统保压与卸荷。当P口被堵塞时,如O型、Y型,系统保压,液压泵能用于多缸液压系统。当P口和T口相通时,如H型、M型,这时整个系统卸荷。

（2）换向精度和换向平稳性。当工作油口 A 和 B 都堵塞时,如 O 型、M 型,换向精度高,但换向过程中易产生液压冲击,换向平稳性差。当油口 A 和 B 都通 T 口时,如 H 型、Y 型,换向时液压冲击小,平稳性好,但换向精度低。

（3）启动平稳性。阀处于中位时,A 口和 B 口都不通油箱,如 O 型、P 型、M 型,启动时,油液能起缓冲作用,易于保证启动的平稳性。

（4）液压缸"浮动"和在任意位置处锁住。当 A 口和 B 口接通时,如 H 型、Y 型,卧式液压缸处于"浮动"状态,可以通过其他机构使工作台移动,调整其位置。当 A 口和 B 口都被堵塞时,如 O 型、M 型,则可使液压缸在任意位置处停止并被锁住。

【任务解析 2——换向阀的使用与维护】

A　换向阀的使用

a　机动换向阀

机动换向常用于控制机械设备的行程,因此又称行程阀。它是利用安装在运动部件上的凸轮或挡块使阀芯移动而实现换向的。机动换向阀通常是二位阀,有二通、三通、四通和五通几种。二通的分常开和常闭两种形式。

图 2-29（a）为二位二通机动换向阀的结构图。图示位置,在弹簧 4 的作用下,阀芯 3 处于左端位置,油口 P 和 A 不连通;当挡铁压住滚轮 2 使阀芯 3 移到右端位置时,油口 P 和 A 接通。图 2-29（b）为图形符号。

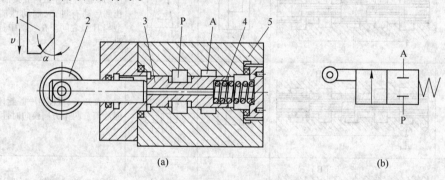

图 2-29　二位二通机动换向阀

（a）结构原理图;（b）图形符号

1—挡铁;2—滚轮;3—阀芯;4—弹簧;5—阀体

机动换向阀具有结构简单、工作可靠、位置精度高等优点。改变挡铁的斜角 α 就可改变换向时阀芯的移动速度,即可调节换向过程的时间。机动换向阀必须安装在运动部件附近,故连接管路较长。

b　电磁换向阀

电磁换向阀是利用电磁铁的吸力来推动阀芯移动,从而改变阀芯位置的换向阀。它一般有二位和三位,通道数有二通、三通、四通和五通。

电磁换向阀按使用的电源不同,有交流型和直流型两种。交流电磁铁的使用电压多为220V,换向时间短（约为 0.01~0.03 s）,启动力大,电气控制线路简单。但其工作时冲击和噪声大,阀芯吸不到位容易烧毁线圈,所以寿命短。其允许切换频率一般为 10 次/min。直流电磁铁的电压多为 24 V,换向时间长(约为 0.05 ~ 0.08 s),启动力小,冲击小,噪声小,对过载或低电压反应不敏感,工作可靠,寿命长,切换频率可达 120 次/ min,故需配备专门的直流电源,因此费用较高。

　　图 2-30(a)为二位三通电磁换向阀的结构。图示位置电磁铁不通电,油口 P 和 A 连通,油口 B 断开;当电磁铁通电时衔铁 1 吸合,推杆 2 将阀芯 3 推向右端,使油口 P 和 A 断开,与 B 接通。图 2-30(b)为二位三通电磁阀的图形符号。

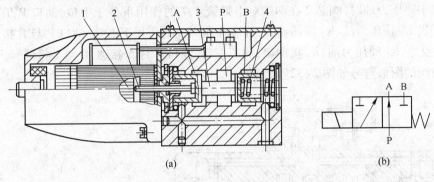

(a)　　　　　　　　　　(b)

图 2-30　二位三通电磁阀

(a) 结构原理图;(b) 图形符号

1—衔铁;2—推杆;3—阀芯;4—弹簧

　　图 2-31(a)为三位四通电磁铁换向阀。当两边电磁铁都不通电时,阀芯 3 在两边对中弹簧 4 的作用下处于中位,P、T、A、B 油口互不相通;当左边电磁铁通电时,左边衔铁吸合,推杆 2 将阀芯 3 推向右端,油口 P 和 B 接通,A 与 T 接通;当右边电磁铁通电时,则油口 P 和 A 接通,B 与 T 接通。三位四通电磁阀的图形符号如图 2-31(b)所示。

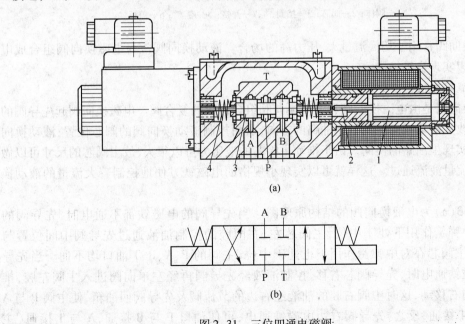

(a)

(b)

图 2-31　三位四通电磁阀

(a) 结构原理图;(b) 图形符号

1—衔铁;2—推杆;3—阀芯;4—弹簧

　　电磁换向阀因具有换向灵敏、操作方便、布置灵活、易于实现设备的自动化等特点,因而应用最为广泛。但由于电磁铁吸力有限,因而要求切换的流量不能太大,一般在 63 L/min 以下,且回油口背压不宜过高,否则易烧毁电磁铁线圈。

　　c　液动换向阀

　　液动换向阀是利用控制油路的压力油来推动阀芯移动,从而改变阀芯位置的换向阀。图 2-32(a)为三位四通液动换向阀的结构图。阀上设有两个控制油口 K_1 和 K_2。当两个控制油口都未通压力油时,阀芯 2 在两端对中弹簧 4、7 的作用下处于中位,油口 P、T、A、B 互不相通。当 K_1 接压力油、K_2 接油箱时,阀芯在压力油的作用下右移,油口 P 与 B 接通,A 与 T 接通。反之,K_2 通压力油,K_1 接油箱,阀芯左移,油口 P 与 A 接通,B 与 T 接通。三位四通液动换向阀的图形符号如图 2-32(b)所示。

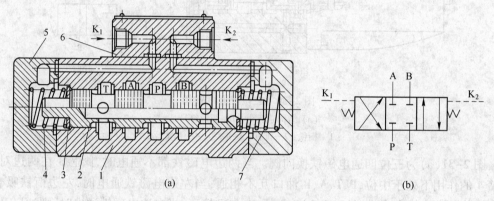

图 2-32　三位四通液动换向阀

(a) 结构原理图;(b) 图形符号

1—阀体;2—阀芯;3—挡圈;4,7—弹簧;5—端盖;6—盖板

　　液动换向阀常用于切换流量大、压力高的场合。液动换向阀常与电磁换向阀组合成电液换向阀,以实现自动换向。

　　d　电液换向阀

　　电液换向阀是由电磁换向阀和液动换向阀组合而成的复合阀。电磁换向阀起先导阀的作用,用来改变液动换向阀的控制油路的方向,从而控制液动换向阀的阀芯位置;液动换向阀为主阀,实现主油路的换向。由于推动主阀芯的液压力可以很大,故主阀芯的尺寸可以做大,允许大流量液流通过。这样就可以实现小规格的电磁铁方便地控制着大流量的液动换向阀。

　　图 2-33(a)为电液换向阀的结构原理图。当先导阀的电磁铁都不通电时,先导阀的阀芯在对中弹簧作用下处于中位,主阀芯左、右两腔的控制油液通过先导阀中间位置与油箱连通,主阀芯在对中弹簧作用下也处于中位,主阀的 P、A、B、T 油口均不通。当先导阀左边电磁铁通电时,先导阀芯右移,控制油液经先导阀再经左单向阀进入主阀左腔,推动主阀芯向右移动,这时主阀右腔的油液经右边的节流阀及先导阀回油箱,使主阀 P 与 A 接通,B 与 T 接通;反之,先导阀右边电磁铁通电,可使油口 P 与 B 接通,A 与 T 接通(主阀芯移动速度可由节流阀的开口大小调节)。图 2-33(b)为电液换向阀的图形符号和简化符号。

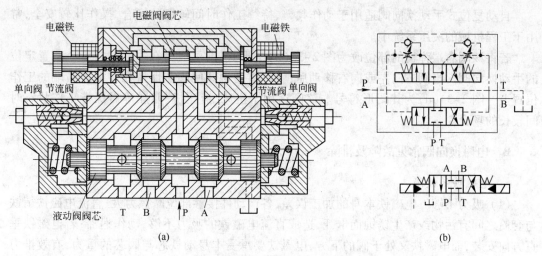

图 2-33　电液换向阀

（a）结构原理图；（b）图形符号

e　手动换向阀

手动换向阀是利用手动杠杆操纵阀芯运动,以实现换向的。它有弹簧自动复位和钢球定位两种。图 2-34(a)为自动复位式手动换向阀。向右推动手柄 4 时,阀芯 2 向左移动,使油口 P 和 A 接通、B 和 T 接通。若向左推动手柄,阀芯向右运动,则 P 与 B 相通,A 与 T 相通。松开手柄后,阀芯依靠复位弹簧的作用自动弹回到中位,油口 P、T、A、B 互不相通。图 2-34(c)为其图形符号。

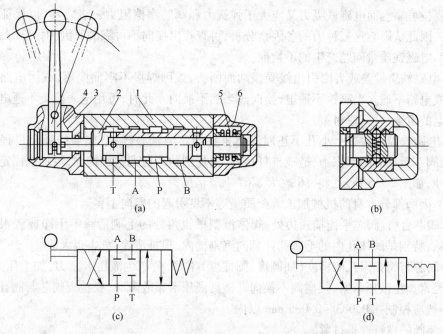

图 2-34　三位四通手动换向阀(自动复位式)

1—阀体;2—阀芯;3—前盖;4—手柄;5—弹簧;6—后盖

自动复位式手动换向阀适用于动作频繁、持续工作时间较短的场合,操作比较安全,常用于工程机械的液压系统中。

若将该阀右端弹簧的部位改为图 2-34(b)的形式,即可成为在左、中、右三个位置定位的手动换向阀。当阀芯向左或向右移动后,就可借助钢球使阀芯保持在左端或右端的工作位置上。图 2-34(d)为其图形符号。该阀适用于机床、液压机、船舶等需保持工作状态时间较长的场合。

B　电磁换向阀常见故障及排除

a　电磁铁的故障

(1)吸力不够。电磁铁本身的加工误差、各运动件接触部位摩擦力大、直流电磁铁衔铁与套筒之间有污物或产生锈蚀而卡死,造成直流电磁铁的吸力不够,动作迟滞;若电磁铁垂直方向安装,而电磁铁又处于阀的下方,电磁铁要承受本身动铁芯与阀芯的重力,有效推力减小。

(2)不动作。因焊接不良,使电磁铁进入线连接松脱而使电磁铁不动作。因电路故障造成电磁铁不动作。

b　电磁换向阀换向不可靠

换向阀的换向可靠性故障表现为:不换向、换向时两个方向换向速度不一致、停留几分钟后再通电不能复位。

电磁换向阀换向可靠性主要受三种力的约束:电磁铁的吸力、弹簧力、阀芯的摩擦阻力(包括黏性摩擦阻力及液动力)。

换向可靠性是换向阀最基本的性能。为保证换向可靠,弹簧力应大于阀芯的摩擦阻力,以保证复位可靠。而电磁铁吸力又应大于弹簧力和阀芯摩擦阻力二者之和,以保证能可靠地换位。因此从影响这三种力的各因素分析,可查找出换向不可靠的原因和排除方法。

(1)电磁铁质量问题产生的不换向。

1)电磁铁质量差或者因引出线受振动而断头,或因焊接不牢而脱落,或因电路故障等原因造成电路不通。电磁铁不通电,换向阀当然不换向。此时,可用电表检查不通电的原因和不通电的位置,并采取对策。

2)电磁铁固定铁芯上小孔不正对阀体推杆阀芯的轴心线,造成推杆吸合过程中的歪斜,增大阀芯运动副的摩擦力,造成推杆扭斜,更加别劲。遇到这种情况,可加大固定铁芯穿孔的尺寸,如图 2-35 所示,将 $\phi6$ 改为 $\phi8$。

(2)因阀部分本身的机械加工装配质量等不良引起的换向不良。

1)阀芯台肩、阀芯平衡槽锐边处、阀体沉割槽锐角处的毛刺清除不干净或者根本就未予以清除,特别是阀体孔内的毛刺往往翻向沉割槽内,很难清除,危害很大。

2)阀芯与阀孔因几何精度(如圆度、圆柱度)不好,会产生液压卡紧力,加上压力又高,阀芯便经常产生液压卡紧,换向阀不换向。碰到液压卡紧故障时,要检查阀芯与阀孔的几何精度,一般应控制在 0.003 ~ 0.005 mm 以内。

3)装阀的螺钉拧得过紧。

4)电磁换向阀阀体与阀芯的配合间隙很小(一般为 0.007 ~ 0.02 mm),若安装螺钉拧得过紧,导致阀内孔变形,卡死阀芯而不能换向。螺钉的拧紧力矩最好按生产厂的推荐值,用力矩扳手拧紧。

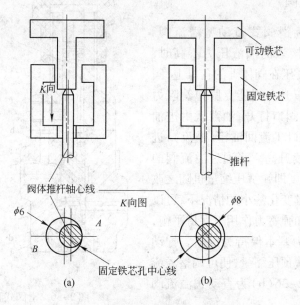

图2-35 电磁铁固定铁芯上小孔不正

5）孔与阀体端面不垂直,电磁铁装上后,造成推杆歪斜别劲,阀芯运动阻力增大。

（3）因污物所致。

1）阀装配时清洗不良或清洗油不干净,污物积存于阀芯与阀体配合间隙中,卡住阀芯。

2）油液中细微铁粉被电磁铁通电形成的磁场磁化,吸附在阀芯外表面或阀孔内表面引起卡紧,所以液压系统最好装磁性过滤装置。

3）运转过程中,空气中的尘埃污物进入液压系统,带到电磁阀内。

4）油箱防尘措施不良,加油时无过滤措施,系统本身过滤不良,造成油液污物进入系统。

5）液压油老化、劣化,产生油泥及其他污物。

6）包装运输、修理装配过程不重视清洗,使污物进入阀内,以及由于水分进入造成锈蚀。

【工作任务2】

压力控制阀的使用与维护。

在液压传动中,液体压力的建立和压力的大小是由外载荷决定的。若液体压力大小不能控制,则液压系统将面临很大危险。压力控制阀就是用于控制油液压力的高低和通过压力信号实现动作控制的。它们是利用作用在阀芯上的液压力和弹簧力相平衡的原理来工作的。压力控制阀主要有溢流阀、减压阀、顺序阀和压力继电器等。

【知识学习3——溢流阀的作用原理】

溢流阀的作用是限制所在油路的液体工作压力。当液体压力超过溢流阀的调定值时,溢流阀阀口会自动开启,使油液溢回油箱。

A　直动式溢流阀

图 2-36 所示为滑阀式直动型溢流阀。当进油口 P 从系统接入的油液压力不高时,锥阀芯 2 被弹簧 3 紧压在阀体 1 的孔口上,阀口关闭。当进口油压升高到能克服弹簧阻力时,便推开锥阀芯使阀口打开,油液就由进油口 P 流入,再从回油口 T 流回油箱(溢流),进油压力也就不会继续升高。当通过溢流阀的流量变化时,阀口开度即弹簧压缩量也随之改变。但在弹簧压缩量变化甚小的情况下,可以认为阀芯在液压力和弹簧力作用下保持平衡,溢流阀进口处的压力基本保持为定值。拧动调压螺钉 4 改变弹簧预压缩量,便可调整溢流阀的溢流压力。图 2-36(b)为直动式溢流阀的图形符号。

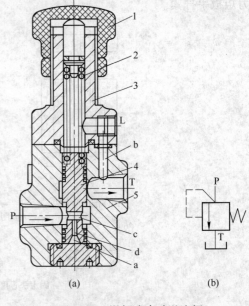

图 2-36　滑阀式直动溢流阀
1—调压螺母;2—调压弹簧;3—上盖;4—滑阀芯

这种溢流阀因压力油直接作用于阀芯,故称直动型溢流阀。直动型溢流阀一般只能用于低压小流量处,因控制较高压力或较大流量时,需要装刚度较大的硬弹簧,不但手动调节困难,而且阀口开度(弹簧压缩量)略有变化便引起较大的压力波动,不能稳定。系统压力较高时就需要采用先导型溢流阀。

B　先导式溢流阀

图 2-37 所示为一种板式连接的先导型溢流阀。由图可见,先导型溢流阀由先导阀和主阀两部分组成。先导阀就是一个小规格的直动型溢流阀,而主阀阀芯是一个具有锥形端部、上面开有阻尼小孔的圆柱筒。

如图 2-37 所示,油液从进油口 P 进入,经阻尼孔到达主阀弹簧腔,并作用在先导阀锥阀芯上(一般情况下,外控口 X 是堵塞的)。当进油压力不高时,液压力不能克服先导阀的弹簧阻力,先导阀口关闭,阀内无油液流动。这时,主阀芯因前后腔油压相同,故被主阀弹簧压在阀座上,主阀口亦关闭。当进油压力升高到先导阀弹簧的预调压力时,先导阀口打开,主阀弹簧腔的油液流过先导阀口并经阀体上的通道和回油口流回油箱。这时,油液流过阻尼小孔 b,产生压力损失,使主阀芯两端形成了压力差。主阀芯在此压差作用下克服弹簧阻力向上移动,使进、回油口连通,达到溢流稳压的目的。调节先导阀的调压螺钉,便能调整溢流压力。更换不同刚度的调压弹簧,便能得到不同的调压范围。

根据液流连续性原理可知,流经阻尼孔的流量即为流出先导阀的流量。这一部分流量通常称为泄油量。阻尼孔很细,泄油量只占全溢流量(额定流量)的极小的一部分,绝大部分油液均经主阀口溢回油箱。在先导型溢流阀中,先导阀的作用是控制和调节溢流压力,主阀的功能则在于溢流。先导阀因为只通过泄油,其阀口直径较小,即使在较高压力的情况下,作用在锥阀芯上的液压推力也不很大,因此调压弹簧的刚度不必很大,压力调整也就比较轻便。主阀芯因两端均受油压作用,主阀弹簧只需很小的刚度,当溢流量变化引起弹簧压缩量变化时,进油口的压力变化不大,故先导型溢流阀的稳压性能优于直动型溢流阀。但先导型溢流阀是二级阀,其灵敏度低于直动型阀。

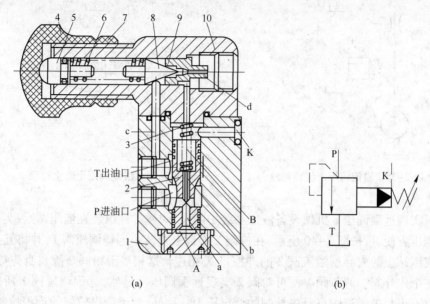

图 2-37　先导式溢流阀

（a）结构原理图；（b）图形符号

1—主阀体；2—滑阀芯；3—复位弹簧；4—调节螺母；5—调节杆；6—调压弹簧；7—螺母；

8—锥阀芯；9—锥阀座；10—阀盖；a,b—轴向小孔 ;c—流道；d—小孔

　　先导式溢流阀有一个远程控制口 K,如果将此口连接另一个远程调压阀(其结构和先导阀部分相同),调节远程调压阀的弹簧力,即可调节主阀芯上腔的液压力,从而对溢流阀的进口压力实现远程调压。但远程调压阀调定的压力不能超过溢流阀先导阀调定的压力,否则不起作用。当远程控制口 K 通过二位二通阀接通油箱时,主阀芯上腔的油液压力接近于零,复位弹簧很软,溢流阀进油口处的油液以很低的压力将阀口打开,流回油箱,实现卸荷。图 2-37(b)为先导式溢流阀的图形符号。

【任务解析3——溢流阀使用与维护】

A　溢流阀的使用

　　（1）为定量泵系统溢流稳压。定量泵液压系统中,溢流阀通常接在泵的出口处,与系统的油路并联,如图 2-38 所示。泵的供油一部分按速度要求由流量阀2 调节流往系统的执行元件,多余油液通过被推开的溢流阀1 流回油箱,从而在溢流的同时稳定了泵的供油压力。

　　（2）为变量泵系统提供过载保护。变量泵系统如图 2-39 所示。执行元件速度由变量泵自身调节,不需溢流。泵压可随负载变化,也不需稳压。但变量泵出口也常接一溢流阀,其调定压力约为系统最大工作压力的 1.1 倍。系统一旦过载,溢流阀立即打开,从而保障了系统的安全。故此系统中的溢流阀又称为安全阀。

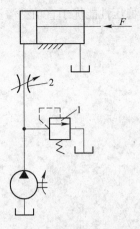

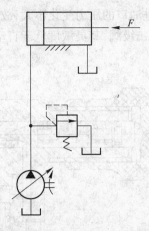

图 2-38　溢流阀用于溢流稳压　　　　　　图 2-39　溢流阀用于防止过载

（3）实现远程调压。机械设备液压系统中的泵、阀通常都组装在液压站上，为使操作人员就近调压方便，可按图 2-40 所示，在控制工作台上安装一远程调压阀 1，并将其进油口与安装在液压站上的先导型溢流阀 2 的外控口 X 相连。这相当于给阀 2 除自身先导阀外，又加接了一个先导阀。调节阀 1 便可对阀 2 实现远程调压。显然，远程调压阀 1 所能调节的最高压力不得超过溢流阀自身先导阀的调定压力。另外，为了获得较好的远程控制效果，还需注意两阀之间的油管不宜太长（最好在 3 m 之内），要尽量减小管内的压力损失，并防止管道振动。

（4）使泵卸荷。在图 2-41 中，先导型溢流阀对泵起溢流稳压作用。当二位二通阀的电磁铁通电后，溢流阀的外控口即接油箱，此时，主阀芯后腔压力接近于零，主阀芯便移动到最大开口位置。由于主阀弹簧很软，进口压力很低，泵输出的油便在此低压下经溢流阀流回油箱，这时，泵接近于空载运转，功耗很小，即处于卸荷状态。这种卸荷方法所用的二位二通阀可以是通径很小的阀。由于在工程实际中经常采用这种卸荷方法，为此常将溢流阀和串接在该阀外控口的电磁换向阀组合成一个元件，称为电磁溢流阀，如图 2-41 中点划线框图所示。

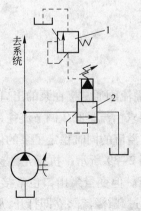

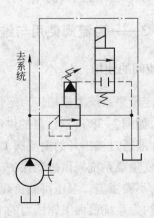

图 2-40　溢流阀用于远程调压　　　　　　图 2-41　溢流阀用于使泵卸荷

（5）高低压多级控制。用换向阀将溢流阀遥控口和几个远程调压阀连接，能在主溢流阀设定压力范围内实现高压多级控制。

（6）低压溢流阀用途与中压溢流阀相同，但由于无卸荷口，故不能用于远程调压与卸荷。

B 先导式溢流阀的常见故障及排除

溢流阀是维持系统压力的关键元件。中、高压系统都采用如图2-42的先导型溢流阀。先导式溢流阀在结构上可分为两部分，下部是主滑阀部分，上部是先导调压部分。这种阀的特点是利用主滑阀上下两端来的压力差 $p - p_1$ 来使主阀阀芯移动，从而进行压力控制的。中、高压溢流阀均采用这种结构，使用压力高，压力超调量小，在同样压力下，手柄的调节力矩小得多。

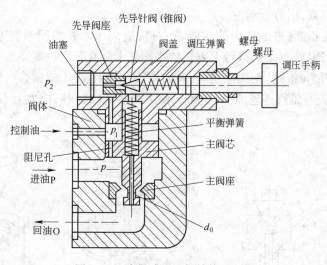

图2-42 先导式溢流阀结构及组成

a 压力上升得很慢，甚至一点也上不去

这一故障现象是指：当拧紧调压螺钉或手柄，从卸荷状态转为调压状态时，本应压力随之上升，但出现这一故障时，压力升得很慢，甚至一点也上不去（从压力表观察），即使上升，也滞后一段较长时间。

分析调压状态的情况可知，从卸压状态变为调压（升压）状态的瞬时，主阀芯紧靠阀盖，而主阀完全开启溢流。当升压调节时，主阀芯上腔压力 p_1 增高，当 p_1 上升到打开先导调压阀时，溢流阀进入调压升压状态，主阀芯与阀座（或阀体）保持一个微小开口，溢流阀主阀芯从卸荷位置下落到调压所需开度所经历的时间，即为溢流阀的回升滞后时间。

影响滞后时间的因素很多，主要与溢流阀本身的主阀芯行程距离 h 和阀芯的关闭速度有关。此处将从已知的阀出发，说明产生这一故障的原因和排除方法。

（1）主阀芯上有毛刺，或阀芯与阀孔配合间隙内卡有污物，使主阀芯卡死在全开位置（见图2-43），系统压力上不去。

（2）主阀芯阻尼小孔 e 内有大颗粒的污物堵塞，先导流量几乎为零，压力上升很缓慢，完全堵塞时，压力一点也上不去（见图2-44）。

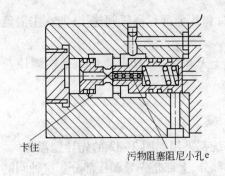

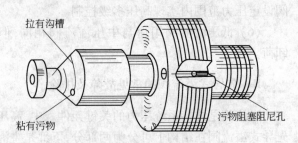

图 2-43　毛刺等将阀芯卡在全开位置　　　　图 2-44　YF 型阀主阀芯

（3）安装螺钉拧得太紧，造成阀孔变形，将阀芯卡死在全开位置。

（4）液压设备在运输使用过程中，因保管不善造成阀内部锈蚀，使主阀芯卡死在全开（P 与油箱连通）位置，压力上不去。

（5）平衡弹簧折断，进油压力使主阀芯右移，造成压油腔与回油腔 O 连通，压力上不去。或者污物阻塞阻尼小孔 e，或者毛刺污物将阀芯卡死在开启位置。

（6）先导阀阀芯（锥阀）与阀座之间，有大粒径污物卡住，不能密合（图 2-45a），主阀弹簧腔压力 p_1 通过先导锥阀连通油箱（O 腔），使主阀芯上（右）移，压力上不去。

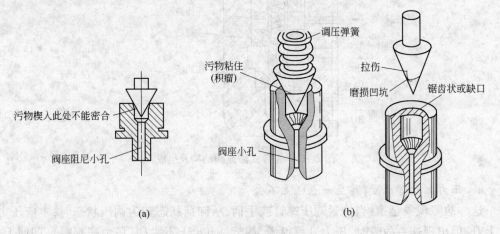

图 2-45　阀芯与阀座不能密合

（7）使用较长时间以后，先导锥阀与阀座小孔密合处产生严重磨损，有凹坑或纵向划痕，或阀座小孔接触处磨成多菱形或锯齿形（见图 2-45b）。另外此处经常产生气穴性磨损，加上热处理不好，情况更甚。

（8）先导阀阀座与阀盖孔过盈量太小，使用过程中，调压弹簧的弹力将阀座从阀盖孔内压出而脱落，造成压力油 p 经主阀弹簧腔 p_1 和先导阀盖孔流回油箱，压力上不去。

（9）先导阀弹簧折断，压力上不去。

解决压力上升很慢及压力一点儿也上不去的办法有：

（1）拆洗主阀及先导阀，并用 $\phi 0.8 \sim \phi 1.0$ mm 粗的钢丝通一通主阀芯阻尼孔，或用压缩空气吹通。此法可排除许多情况下压力上升慢的故障。

（2）用尼龙刷等清除主阀芯阀体沉割槽尖棱边的毛刺，保证主阀芯与阀体孔配合间隙在 0.008~0.015 mm 的装配间隙下灵活运动。

(3) 板式阀安装螺钉,管式阀管接头不可拧得过紧,防止因此而产生的阀孔变形。

(4) 折断的弹簧要补装或更换。

(5) 遥控孔 K 在不需要遥控时应堵死或用螺钉堵塞住。

(6) 阀座破损、先导针阀严重划伤时,要予以更换或经修磨使之密合。

b 压力虽可上升但升不到公称(最高调节)压力

这种故障现象表现为,尽管全紧调压手轮,压力也只上升到某一值后便不能再继续上升,特别是油温高时,尤为显著。故障产生原因如下:

(1) 油温过高,内泄漏量大。

(2) 对 Y 型、YF 型阀,较大污物进入主阀芯小孔内,部分阻塞阻尼小孔,使先导流量减少。

(3) 先导针阀与阀座之间因液压油中的污物、水分、空气及其他化学性腐蚀物质而产生磨损,不能很好地密合,压力升不上去。

(4) 主阀体孔或主阀芯外圆上有毛刺或有锥度,污物将主阀芯卡死在某一小开度上,呈不完的微开启状态。此时,压力虽可上升到一定值,但不能再升高。

(5) 液压系统内其他元件磨损或因其他原因造成的泄漏过大。

c 压力波动大(压力振摆大)

(1) 油液中混进空气,进入了系统内。应防止空气进入和排除已进入的空气。

(2) 阀座前腔(主阀芯弹簧腔)内积存有空气。可反复将溢流阀"升压↔降压"重复几次,排出阀座前腔积存的空气。

(3) 针阀因硬度不够,使用过程中会因高频振荡而产生磨损,或因气蚀产生磨损,使得针阀锥面与阀座不密合。应研磨至密合或更换,否则会因先导流量不稳定而造成压力波动。

(4) 主阀阻尼孔尺寸 ϕ 偏大或阻尼长度太短,起不到抑制主阀芯来回剧烈运动的阻尼减振作用。对 Y 型阀,阻尼是经加工再敲入阀芯的,阻尼孔径一般为 $\phi1~\phi1.5$ mm。如实际尺寸过分大于此尺寸范围,就会产生压力波动。有些生产厂采用拉出三角扇形槽代替圆孔,面积应与相应的孔径面积相等(见图 2-46)。

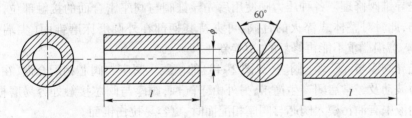

图 2-46 主阀阻尼孔

(5) 先导阀调压弹簧过软(装错)或歪扭变形,致使调压不稳定,压力波动大。此时应换用合适的弹簧。

(6) 主阀芯运动不灵活,不能迅速反馈稳定到某一开度时。应使主阀芯能运动灵活。

(7) 调压锁紧螺母因振动松动。

（8）油泵不正常,泵的压力流量脉动大,影响到溢流阀的压力流量脉动;有些情况,油泵输出的压力流量脉动有可能和溢流阀组成共振系统。此时应从排除泵故障入手。

（9）工作油温过高,工作油液黏度选择不当。

（10）滤油器堵塞严重,吸油不畅,使液压系统发出叫声,压力波动大。

C　溢流阀的拆装修理

a　拆卸

（1）松开先导阀与主阀体的连接螺钉,拆下先导阀头。

（2）松开并取下调压手柄,锁紧螺母、弹簧座及调压弹簧。

（3）取出先导锥阀,卸下阀底部螺塞。

（4）拆卸先导阀阀座,方法如图2-47(a)所示。

（5）从主阀体内取出平衡弹簧和主阀芯。

（6）YF型阀卸下主阀座方法如图2-47(b)所示。

（7）卸主阀体底部螺塞。

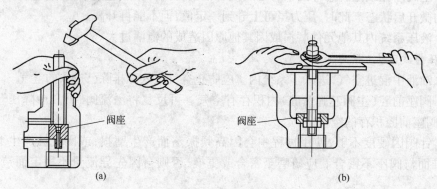

图2-47　溢流阀拆卸
(a) 卸先导阀阀座的方法;(b) 拆卸主阀阀座的方法

b　简单修理

（1）用煤油或柴油清洗干净全部零件。

（2）先导锥阀修理。各种压力阀使用后先导锥阀与阀座密合面的接触部位,常磨损出凹坑和拉伤,此时对整体式淬火的针阀,可夹持其柄部在外圆磨床磨锥面(尖端也磨去一点)后再用。磨损严重不能再修复的,更换新锥阀。

（3）先导阀座与YF型主阀座(见图2-48)的修复。阀座与阀芯相配合面,在使用过程中会因压力波动及经常启闭产生撞击;另外由于气蚀,阀座与阀芯接触处容易磨损和磨伤,特别是当油液中有油污楔入阀芯与阀座相配面时,更容易拉伤锥面。

如磨损拉伤不甚严重,可不拆下阀座采用研磨的方法修复,研磨棒的研磨头部锥角与阀座相同(120°),或者用一夹套夹住针阀与阀座对研。如果磨损拉伤严重,则可用120°中心钻钻刮从阀盖卸下的先导阀阀座和从阀体上卸下的主阀阀座,将阀座上的缺陷和划痕清除干净,然后用120°研具仔细将阀座研磨光洁。

（4）主阀芯修复。主阀芯主要是外圆的磨损,对YF型中高压阀还有与阀座密合锥面的磨损。主阀芯外圆轻微磨损及拉伤时,可用研磨法修复。磨损严重时可更换新阀。

（5）调压弹簧及平衡弹簧的检查更换。弹簧变形扭曲和损坏，会产生调压不稳定的故障，歪斜严重者予以更换。

（6）主阀体内孔修复。用细油石修磨内孔磨刺及磨痕。

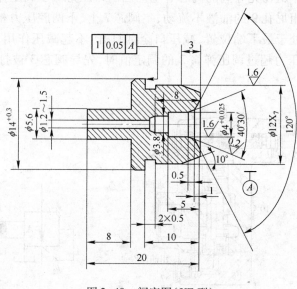

图 2-48　阀座图（YF 型）

c　装配

（1）用煤油清洗干净全部零件。主阀阀芯清洗后用压缩空气吹阻尼孔，确保阻尼孔中无污物堵塞。各密封圈更换新件。

（2）将主阀阀芯装入主阀体，使其在阀内移动无阻。

（3）将主阀体底部螺塞装上拧紧。

（4）将平衡弹簧装入主阀芯孔内。

（5）将先导阀壳体与主阀体合装，并装上主阀座。

（6）将先导阀底部螺塞装上。

（7）将先导锥阀、调压弹簧及弹簧座装入先导阀孔。

（8）将锁紧螺母及调压手柄装上。

（9）将各孔口密封。

d　注意事项

（1）各零件装配前确保清洗干净，主阀芯阻尼孔无堵塞。

（2）勿用棉纱、破布擦洗零件。

（3）各运动副零件装配时涂润滑油。

【知识学习 4——减压阀的作用原理】

减压阀是利用压力油流经缝隙时产生的压力损失，使其出口压力低于进口压力，并保持压力恒定的一种压力控制阀（又称定值减压阀）。它和溢流阀类似，也有直动式和先导式两种。直动式减压阀较少单独使用，而先导式减压阀性能良好，使用广泛。

　　图 2-49(a)为先导式减压阀的结构原理图。该阀由先导阀和主阀两部分组成,P_1、P_2 分别为进、出油口,当压力为 p_1 的油液从 P_1 口进入,经减压口从出油口流出,其压力为 p_2,出口的压力油经阀体 6 和端盖 8 的流道作用于主阀芯 7 的底部,经阻尼孔 9 进入主阀弹簧腔,并经流道 a 作用在先导阀的阀芯 3 上。当出口压力低于调压弹簧 2 的调定值时,先导阀口关闭,通过阻尼孔 9 的油液不流动,主阀芯 7 上、下两腔压力相等,主阀芯 7 在复位弹簧 10 的作用下处于最下端位置,减压口全部打开,不起减压作用,出口压力 p_2 等于进口压力 p_1;当出口压力超过调压弹簧 2 的调定值时,先导阀芯 3 被打开,油液经泄油口 L 流回油箱。

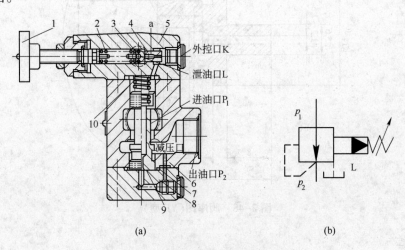

图 2-49　主阀为滑阀的先导式减压阀
(a) 结构原理图;(b) 图形符号
1—调压手轮;2—调压弹簧;3—先导阀芯;4—先导阀座;5—阀盖;6—阀体;
7—主阀芯;8—端盖;9—阻尼孔;10—复位弹簧;a—流道

　　由于油液流经阻尼孔 9 时,产生压力降,使主阀芯下腔压力大于上腔压力,当此压力差所产生的作用力大于复位弹簧力时,主阀芯上移,作用力使减压口关小,减压增强,出口压力 p_2 减小。经过一个过渡过程,出口压力 p_2 便稳定在先导阀所调定的压力值上。调节调压手轮 1 即可调节减压阀的出口压力 p_2。如果使进口压力 p_1 升高,出口压力 p_2 也升高,主阀芯受力不平衡,向上移动,阀口减小,压力降增大,出口压力 p_2 降低至调定值,反之亦然。先导式减压阀有远程控制口 K,可实现远程调压,原理与溢流阀的远程控制原理相同。图 2-49(b)为先导式减压阀的图形符号。

【任务解析 4——减压阀使用与维护】

A　减压阀的使用

　　(1) 减压阀是一种可将较高的进口压力(一次压力)降低为所需的出口压力(二次压力)的压力调节阀。根据各种不同的要求,减压阀可将油路分成不同的减压回路,以得到各种不同的工作压力。

　　减压阀的开口缝隙随进口压力变化而自行调节,因此减压阀能自动保证出口压力基本恒定,可作稳定油路压力之用。

　　将减压阀与节流阀串联在一起,可使节流阀前后压力差不随负载变化而变化。

　　(2) 单向减压阀由单向阀和减压阀并联组成,见图 2-50。其作用与减压阀相同。液流正向通过时,单向阀关闭,减压阀工作。当液流反向时,液流经单向阀通过,减压阀不工作。

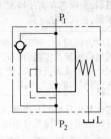

图 2-50　单向减压阀

B　减压阀的常见故障及排除方法

　　减压阀的常见故障及排除方法见表 2-10。

表 2-10　减压阀的常见故障及排除方法

故障现象		产生原因	排除方法
调压失灵	调节调压手轮出口压力不上升	主阀芯阻尼孔堵塞或锥阀座阻尼孔堵塞,出油口油压不能控制导阀来调节主阀出口油压	检查清洗使阻尼孔畅通
		阻尼孔堵塞后,使主阀变成弱弹簧的直动型滑阀,故当减压阀出口压力较低时,就使主阀减压口关闭,使出油口建立不起压力	检查清洗使阻尼孔畅通
		主阀芯卡住,关闭时锥阀未安装在阀座内或外控口未堵住等均会使压力建立不起来	拆卸检查逐一处理
	出口压力上升后达不到额定值	调压弹簧选用错误,或产生永久变形,或压缩行程不够,或锥阀磨损过大	检查锥阀芯与弹簧,并更换备件
	调节调压手轮时出口与进口油压同时上升或下降	锥阀座阻尼小孔堵塞	检查清洗
		泄油口堵住了	检查处理
		单向减压阀的单向阀泄漏	检查处理
	调压时出口油压跟随进口油而变化	锥阀座阻尼小孔堵塞以后,就无先导流量通过主阀阻尼孔,使主阀芯上、下腔油压平衡,主阀芯在其弹簧力作用下,处于最下部位置,使减压口通流面积为最大,这时出口压力就随进口压力而变化	拆卸清洗锥阀座阻尼小孔
		泄油口堵住,也相当于锥阀座阻尼孔堵塞	拆卸清洗锥阀座阻尼小孔
		当单向减压阀的单向阀泄漏严重时,进油口油压通过泄漏处传给出油口,使出口压力也会随进口而变化	拆开检查单向阀磨损及密封情况并处理之
	调节调压手轮时出油口压力不下降或出口压力达不到最低调定压力	主阀芯卡住	拆卸处理
		先导阀中 O 形密封圈与阀盖配合过紧	检查处理

续表 2-10

	故障现象	产生原因	排除方法
其他	阀芯径向卡紧使阀的各种性能下降	由于减压阀(含单向减压阀)的主阀弹簧力很弱,主阀芯在高压情况下就易产生径向卡紧,使阀性能下降	检查处理
	工作压力调定后出油口压力自行升高	出口压力调定后,因工况条件变化,使减压阀出口流量为零时,出口压力会因主阀芯配合过松或磨损过大,使主阀的泄漏量过大,而引起的压力升高	检查主阀芯的配合与磨损情况,并更换备件
	噪声、压力波动与产生振荡	因它也是先导型的双级阀,故其噪声与压力波动原因基本同先导型溢流阀	同溢流阀
		在超过额定流量范围使用时,易产生主阀振荡	必须按额定流量使用

【知识学习 5——顺序阀的作用原理】

顺序阀是利用系统中油液压力的变化来控制油路的通断,从而控制多个执行元件的顺序动作。为了防止液动机的运动部分因自重下滑,有时采用顺序阀使回油保持一定的阻力,这时顺序阀称为平衡阀。当系统压力超过调定值时,顺序阀还可以使液压泵卸荷,这时顺序阀称为卸荷阀。按照工作原理和结构的不同,顺序阀可分为直动式和先导式两类;按控制方式的不同,又可分内控式和外控式两种。

(1)直动型顺序阀。图 2-51 表示直动式顺序阀结构及符号。其工作原理是压力油从进油口 P_1 通过阀芯的小孔流入其底部。如果液压力大于弹簧预紧力,阀芯上移,进出油口 P_1、P_2 相通,压力油从出油口 P_2 输出,操纵另一级执行元件的动作,同时弹簧腔内的油液可从泄油口 L 流入油箱。如果进油口 P_1 的液压力低于弹簧预紧力,阀芯处于最下端,进出油口不通。

(2)先导型顺序阀。图 2-52 表示先导式顺序阀结构及符号。先导式顺序阀的结构与

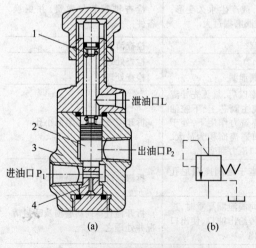

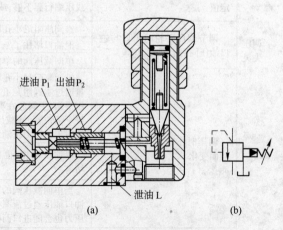

图 2-51　直动式顺序阀结构及符号　　　　　图 2-52　先导式顺序阀结构及符号

　(a)结构图;(b)图形符号　　　　　　　　　(a)结构图;(b)图形符号

1—弹簧;2—阀芯;3—阀体;4—小孔

先导式溢流阀的结构基本相同,但先导式顺序阀采用单独的泄油口 L。它的工作原理是当进油油口(图中未标)通入压力油,其液压力超过弹簧力,使进出油口相通,操纵另一级执行元件动作。

(3) 高压顺序阀。图 2-53(a)为直动式内控高压顺序阀。阀的进口油压较高(可达32 MPa),为避免弹簧 1 设计得过于粗硬,所以不使控制油与阀芯 2 直接接触,而是使它作用在阀芯下端处直径较小的控制活塞 4 上,以减小油压对阀芯 2 的作用力。图中 3 为阀体,5 为阀座,6 为螺堵。

高压顺序阀的工作原理为,当进口油压低于调压弹簧的调定值时,控制活塞 4 下端的油压作用力小于弹簧 1 对阀芯 2 的作用力,阀芯处于图示的最低位置,阀口封闭。当进口油压超过弹簧的调定值时,活塞才有足够的力量克服弹簧的作用力将阀芯顶起,使阀口打开,进出油口在阀内形成通道,此时油液经出油口流出。

图 2-53(c)为先导式内控高压顺序阀的结构。其工作原理与图 2-52 相同。图示位置控制油来自阀的内部。若将图 2-53(b)中底盖旋转 90°安装即可成为外控式,即顺序阀的进油口 P_1 的通和断不由其进油口的油压控制,而是由单独的外部油源来控制,外控式顺序阀也称作液控顺序阀,其图形符号见图 2-53(d)。同理,中低压顺序阀中也有专用的液控顺序阀。先导式顺序阀因采用了先导阀,所以启闭特性好,且扩大了顺序阀的压力范围,使其工作压力可达 31.5 MPa。

当把外控式顺序阀的出油口接通油箱,且外泄改内泄后,即可构成卸荷阀,其图形符号见图 2-53(e)。

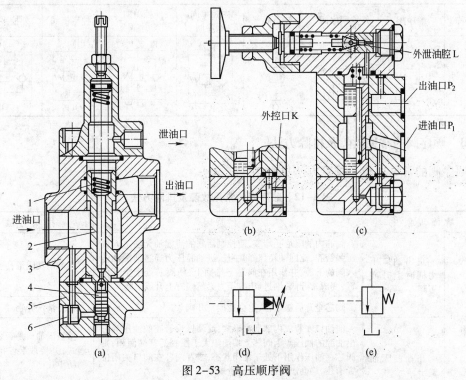

图 2-53　高压顺序阀

(a) 直动式内控;(b) 先导式外控;(c) 先导式内控;(d) 液控顺序阀符号;(e) 卸荷阀符号

1—弹簧;2—阀芯;3—阀体;4—活塞;5—阀座;6—螺堵

【任务解析 5——顺序阀使用与维护】

A　顺序阀的使用

顺序阀直接利用进口油路本身的压力来控制液压系统中两执行元件动作的先后顺序，以实现油路系统的自动控制。

当进口油路的压力未达到顺序阀所预调的压力之前，顺序阀关闭；当达到后，顺序阀开启，油流自出口进入二次压力油路，使下一级液压元件动作。如将出口压力油路通回油箱，则顺序阀作卸荷阀用。

单向顺序阀由单向阀和顺序阀并联组成。其作用与顺序阀相同。当液流正向通过时，单向阀关闭，顺序阀工作。当液流反向时，液流经单向阀自由通过，顺序阀不工作。此阀可用以防止垂直机构因其本身重量而自行下沉，使油缸下腔保持一定的压力，起到平衡重锤的作用，故又称为平衡阀。此时应将油缸下腔中的压力油接入此阀的进油口。

液动顺序阀是由外来液流压力讯号控制滑阀开启的顺序阀。当控制压力未达液动顺序阀所预调的压力时，此阀关闭。当达到预调压力后，此阀开启，起到顺序阀的作用，用途与顺序阀相同。

液动单向顺序阀由单向阀和液动顺序阀并联组成。其作用与顺序阀相同。当液流正向通过时，单向阀关闭，顺序阀工作。当液流反向时，液流经单向阀自由通过，顺序阀不工作。

各种顺序阀的图形符号如表 2-11 所示。

表 2-11　顺序阀图形符号

名　称	顺序阀	外控顺序阀	卸荷阀	内控单向顺序阀	外控单向顺序阀	内控平衡阀	外控平衡阀
职能符号							

B　顺序阀的常见故障及排除方法

顺序阀的常见故障及排除方法见表 2-12。

表 2-12　顺序阀的常见故障及排除方法

故障现象		产生原因	排除方法
不起顺序作用	进出油口压力同时上升或下降	阀芯内的阻尼孔堵塞，使控制活塞的泄漏油无法进入调压弹簧腔，流回油箱，时间一长，进油腔压力通过泄漏油传入阀的下腔，并作用在阀芯下端面上，使阀芯处于全开位置，变成常开阀，则进、出口压力必然同时上升或下降	拆卸清洗阻尼孔
		阀芯全开后被卡住，也会变成常开阀	检查清洗异物
	出油腔无油输出	泄油口安装成内部回油形式，使调压弹簧腔的油压等于出油腔的油压。因阀芯上端面积大于控制活塞端面积，则阀芯在油压作用下处于常闭状态，或者阀芯在阀口关闭位置卡住，均会出现油腔无流量现象	检查泄油口是否装成内泄式，并要改装。清洗脏物防卡住
		端盖上的阻尼小孔堵塞，控制油不能进入控制活塞腔，阀芯在调压弹簧作用下使阀口关闭，则出油口也没有流量	检查清洗

【知识学习6——压力继电器的作用原理】

压力继电器是利用液体压力来启闭电气触点的液电信号转换元件。当系统压力达到压力继电器的调定压力时,压力继电器发出电信号,控制电气元件(如电动机、电磁铁、电磁离合器、继电器等)的动作,实现泵的加载、卸荷,执行元件的顺序动作、系统的安全保护和联锁等。

压力继电器由两部分组成。第一部分是压力－位移转换器,第二部分是电气微动开关。

若按压力－位移转换器的结构分类,压力继电器有柱塞式、弹簧管式、膜片式和波纹管式四种,其中柱塞式的最为常用。图2-54为柱塞式压力继电器的结构。当从压力继电器下端进油口P进入的油液压力达到弹簧的调定值时,作用在柱塞1上的液压力推动柱塞上移,使微动开关4切换,发出电信号。图中L为泄油口,调节螺钉3可调节弹簧力的大小。图2-54(b)为压力继电器的图形符号。

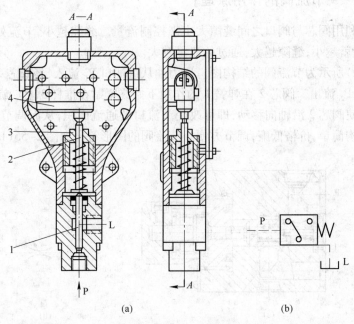

图2-54　压力继电器

(a) 结构原理图; (b) 图形符号

1—柱塞; 2—顶杆; 3—调节螺钉; 4—微动开关

【任务解析6——压力继电器的使用】

(1) 构成卸荷回路。例如系统达到压力继电器的调定压力时,压力继电器发出信号控制二位二通阀的电磁铁,使二位二通阀处于通路。二位二通阀使溢流阀的远程控制口通油箱,使泵卸荷。

(2) 构成保压回路。系统压力达到压力继电器的调定压力时,压力继电器发出电信号,使泵停机。此时靠蓄能器使系统保压。当系统压力低到一定程度时,压力继电器使泵重新启动,一方面向系统提供压力油,一方面使蓄能器充压。

（3）构成顺序回路。第 1 个液压缸运动到位后压力继续升高,当达到压力继电器的调定压力时,压力继电器发出电信号控制第 2 个缸的电磁换向阀,使第 2 个缸动作。这样,就保证了两个缸的顺序动作。

（4）由压力继电器发出指示信号、报警信号或利用压力继电器发出的电信号使两个电路联锁,从而使两个油路联锁而实现两个机械动作的联锁。也可利用压力继电器发出的电信号使电路接通或切断,从而构成油路的沟通或断路,进而对系统起保护作用。

【工作任务 3】

流量控制阀使用与维护。

流量控制阀在液压系统中可控制执行元件的输入流量大小,从而控制执行元件的运动速度大小。流量控制阀主要有节流阀和调速阀等。

【知识学习 7——节流阀的作用原理】

节流阀是利用阀芯与阀口之间缝隙大小来控制流量。缝隙越小,节流处的过流面积越小,通过的流量就越小;缝隙越大,通过的流量越大。

图 2-55（a）所示为节流阀的结构图。压力油从进油口 P_1 流入,经阀芯 2 左端的轴向角槽 6,由出油口 P_2 流出。阀芯 2 在弹簧 1 的作用下始终紧贴在推杆 3 上。旋转调节手柄 4,可通过推杆 3 使阀芯 2 沿轴向移动,即可改变节流口的通流面积,从而调节通过阀的流量。这种节流阀结构简单,价格低廉,调节方便。节流阀的图形符号如图 2-55（b）所示。

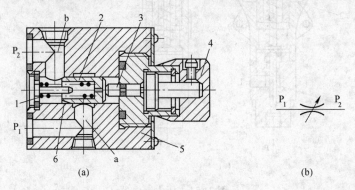

图 2-55　普通节流阀

(a) 结构原理图；(b) 图形符号

1—弹簧；2—阀芯；3—推杆；4—调节手柄；5—阀体；6—轴向三角槽；a,b—通道

节流阀常与溢流阀配合组成定量泵供油的各种节流调速回路。但节流阀由于刚性差,在节流开口一定的条件下,通过它的工作流量受工作负载（亦即出口压力）变化的影响,不能保持执行元件运动速度的稳定,因此只适用于工作负载变化不大和速度稳定性要求不高的场合。

【知识学习 8——调速阀的作用原理】

由于负载的变化很难避免,为了改善调速系统的性能,通常须对节流阀进行压力补偿,即采取措施使节流阀前后压力差在负载变化时始终保持不变,从而使通过节流阀的流量只由其开口大小来决定。节流阀的压力补偿方式是将定差减压阀和节流阀串联起来,组合成调速阀。这种压力补偿方式是通过阀芯的负反馈动作来自动调节节流部分的压力差基本保持不变。

　　图 2-56 为应用调速阀进行调速的工作原理图。调速阀的进口压力 p_1 由溢流阀调定,油液进入调速阀后先经减压阀 1 的阀口将压力降至 p_2,然后再经节流阀 2 的阀口使压力由 p_2 降至 p_3。减压阀 1 上端的油腔 b 经孔 a 与节流阀 2 后的油液相通(压力为 p_3)。它的肩部油腔 c 和下端油腔 d 经孔 e 及 f 与节流阀 2 前的油液相通(压力为 p_2)使减压阀 1 上作用的液压力与弹簧力平衡。调速阀的出口压力 p_3 是由负载决定的。当负载发生变化,则 p_3 和调速阀进出口压力差 $p_1 - p_3$ 随之变化,但节流阀两端压力差 $p_2 - p_3$ 却不变。例如负载增加使 p_3 增大,减压阀芯弹簧腔液压作用力也增大,阀芯下移,减压阀的阀口开大,减压作用减小,使 p_2 有所提高,结果压差 $p_2 - p_3$ 保持不变,反之亦然。调速阀通过的流量因此就保持恒定了。从工作原理图中知,减压阀芯下端总有效作用面积 A 和上端有效作用面积 A 相等,若不考虑阀芯运动的摩擦力和阀芯本身的自重,阀芯上受力的平衡方程式为

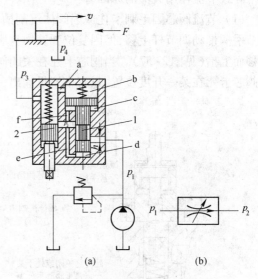

图 2-56　调速阀的工作原理
(a) 结构原理图;(b) 图形符号
1—减压阀;2—节流阀

$$p_2 A = p_3 A + F_{簧}$$

即

$$\Delta p = p_2 - p_3 = F_{簧} / A$$

式中　A——阀芯的有效作用面积,m^2;

　　　$F_{簧}$——弹簧力,N;

　　　p_2——节流阀前的压力,Pa;

　　　p_3——节流阀后的压力,Pa。

　　因为减压阀上端的弹簧设计得很软,而且在工作过程中阀芯的移动量很小,因此等式右边 $F_{簧}/A$ 可以视为常量,所以节流阀前后的压力差 $\Delta p = p_2 - p_3$ 也可视为不变,从而通过调速阀的流量基本上保持定值。

　　由上述分析可知,不管调速阀进、出口压力如何变化,由于定差减压阀的补偿作用,节流阀前后的压力降基本上维持不变。故通过调速阀的流量基本上不受外界负载变化的影响。图 2-56(b) 为调速阀的图形符号。

【任务解析 7——节流阀使用与维护】

A　节流阀的使用

节流阀的主要作用是在定量泵的液压系统中与溢流阀配合,组成节流调速回路,即进

油、出油和旁路节流调速回路,调节执行组件的速度;或者与变量泵和溢流阀组成容积节流调速回路。

B　节流阀的常见故障及排除方法

节流阀的常见故障表现为:当调节手柄时,节流阀出口流量并不随手柄的松开或拧紧而变化,使执行元件的速度总是维持在某一值(根据节流阀阀芯卡死在何种开度位置而定)。

导致节流作用失灵的原因有:

(1)节流阀芯因毛刺卡住或因阀体沉割槽尖边及阀芯倒角处的毛刺卡住。此时虽松开调节手柄带动调节杆上移,但因复位弹簧力克服不了阀芯卡紧力,而不能使阀芯跟着调节杆上移而上抬(见图2-57)。当阀芯卡死在关闭阀口的位置,则无流量输出,执行元件不动作;当阀芯卡死在某一开度位置,只有小流量输出,执行元件只有某一速度。

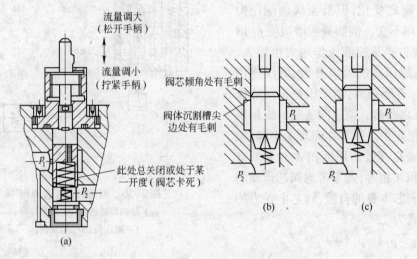

图2-57　节流阀节流失灵时的状况
(a)结构图;(b)全关死;(c)某一开度

(2)因油中污物卡死阀芯或堵塞节流口。油液很脏,工作油老化,油液未经精细过滤,这样污染的油液经过节流阀,污染粒子楔入阀芯与阀体孔配合间隙内,出现同上述相同的节流失灵现象。

(3)阀孔的形位公差不好,例如阀孔失圆有锥度,造成液压卡紧,导致节流调节失灵。目前L型节流阀阀芯上未加工有均压槽,容易产生液压卡紧。

(4)设备长时间停机未用,油中水分等使阀芯锈死卡在阀孔内,重新使用时,出现节流调节失灵现象。

(5)阀芯与阀孔内外圆柱面出现拉伤划痕,使阀芯运动不灵活,或者卡死,或者内泄漏大,造成节流失灵。

解决节流调节失灵的方法是:

(1)用尼龙刷等去毛刺的方法清除孔内毛刺,阀芯上的毛刺可用油石等手工精修方法去除。

(2)对于阀孔失圆或配合间隙过小,可研磨阀孔修复,或重配阀芯。

（3）对油液不干净时，需采用换油，加强过滤的措施。

（4）阀芯轻微拉毛，可抛光再用，严重拉伤时可先磨去伤痕，再电镀修复。

【任务解析8——调速阀使用与维护】

A 调速阀的使用

调速阀的应用与普通节流阀相似，即与定量泵、溢流阀配合，组成节流调速回路；与变量泵配合，组成容积节流调速回路等。与普通节流阀不同的是，调速阀应用于速度稳定性要求较高的液压系统中。

B 调速阀的常见故障及排除方法

a 补偿机构（定差减压阀）不动作，调速阀如同一般节流阀

（1）减压阀芯被污物卡住，此时可拆开清洗。

（2）进出口压差过小，对中低压 Q 型调速阀 p_1 与 p_3 至少为 0.6 MPa，对中高压一般最低为 1 MPa。

b 节流阀流量调节手柄调节时十分费劲

（1）调节杆被污物卡住，或调节手柄螺纹配合不好，根据情况采取对策。

（2）用于进油节流调速时，调速阀出口压力（一般为负载压力）过高，此时需卸除压力，再调节手柄。

c 节流作用失灵

（1）定差减压阀阀芯卡死在全闭或小开度位置，使出油腔（p_2）无油或极小油液通过节流阀。此时应拆洗和去毛刺，使减压阀芯能灵活移动。

（2）节流阀堵塞，应清洗阀芯。

d 流量不稳定

（1）一般节流阀的流量不稳定故障原因和排除方法均适用于调速阀。

（2）定压差减压阀移动不灵活，不能起到压力反馈，以稳定节流阀前后的压差成一定值的作用，而使流量不稳定。可拆开该阀端部的螺塞，从阀套中抽出减压阀芯，进行去毛刺清洗及精度检查。

【工作任务4】

伺服阀、比例阀、插装阀使用与维护。

【知识学习9——电液伺服阀的作用原理】

电液伺服阀既是电液转换元件，也是功率放大元件，它能够将小功率的电信号输入转换为大功率的液压能输出。电液伺服阀具有控制灵活、精度高、输出功率大等优点，因此在液压控制系统中得到广泛的应用。

电液伺服阀的工作原理如图2-58所示。它由电磁和液压两部分组成。电磁部分是一个动铁式力矩马达，液压部分是一个两级液压放大器。液压放大器的第一级是双喷嘴挡板阀，称前置放大级；第二级是四边滑阀，称功率放大级。当线圈中没有电流通

过时,力矩马达无力矩输出,挡板处于两喷嘴中间位置。当线圈通入电流后,衔铁因受到电磁力矩的作用偏转角度 θ,由于衔铁固定在弹簧管上,这时弹簧管上的挡板也偏转相应的 θ 角,使挡板与两喷嘴的间隙改变,如果右面间隙增加,左喷嘴腔内压力升高,右腔压力降低,主阀芯(滑阀芯)在此压差作用下右移。由于挡板下端的球头是嵌放在滑阀的凹槽内,阀芯移动的同时,带动球头上的挡板向右移动,使右喷嘴与挡板的间隙逐渐减小。当滑阀上的液压作用力与挡板下端球头因移动而产生的弹性反作用力达到平衡时,滑阀便不再移动,并使其阀口一直保持在这一开度上。通过线圈的控制电流越大,使衔铁偏转的转矩、挡板挠曲变形、滑阀两端的压差以及滑阀的位移量越大,伺服阀输出的流量也就越大。

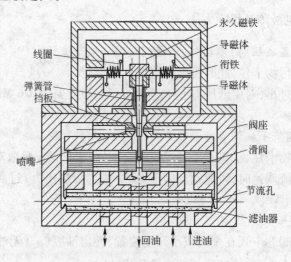

图 2-58　电液伺服阀工作原理图

【任务解析 9——电液伺服阀的使用】

电液伺服阀目前广泛应用于要求高精度控制的自动控制设备中,用以实现位置控制、速度控制和力控制等。

图 2-59 所示是用电液伺服阀准确控制工作台位置的控制原理图。要求工作台的位置随控制电位器触点位置的变化而变化。触点的位置由控制电位器转换成电压。工作台的位置由反馈电位器检测,可转换成电压。当工作台的位置与控制触点的相应位置有偏差时,通过桥式电路即可获得该偏差值的偏差电压。若工作台位置落后于控制触点的位置时,偏差电压为正值,送入放大器,放大器便输出一正向电流给电液伺服阀。伺服阀给液压缸一正向流量,推动工作台正向移动,减小偏差,直至工作台与控制触点相应位置吻合时,伺服阀输入电流为零,工作台停止移动。当偏差电压为负值时,

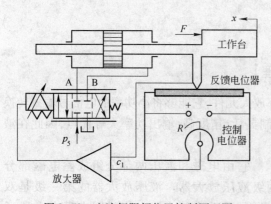

图 2-59　电液伺服阀位置控制原理图

工作台反向移动,直至消除偏差时为止。如果控制触点连续变化,则工作台的位置也随之连续变化。

【知识学习10——电液比例控制阀的作用原理】

电液比例控制阀是一种按输入的电气信号连续地、按比例地对油液的压力、流量或方向进行远距离控制的阀。与手动调节的普通液压阀相比,电液比例控制阀能够提高液压系统参数的控制水平;与电液伺服阀相比,电液比例控制阀在某些性能上稍差一些,但它结构简单、成本低,所以广泛应用于要求对液压参数进行连续控制或程序控制,但对控制精度和动态特性要求不太高的液压系统中。

电液比例控制阀的构成,相当于在普通液压阀上装上一个比例电磁铁,以代替原有的控制部分。根据用途和工作特点的不同,电液比例控制阀可以分为电液比例压力阀、电液比例流量阀和电液比例方向阀三大类。

【任务解析10——电液比例控制阀的使用】

用比例电磁铁代替溢流阀的调压螺旋手柄,就构成比例溢流阀。图2-60所示为先导式比例溢流阀,其下部为溢流阀,上部为比例先导阀。比例电磁铁的衔铁4,通过顶杆6控制先导锥阀2,从而控制溢流阀芯上腔压力,使控制压力与比例电磁铁输入电流成比例。其中手动调整的先导阀9用来限制比例压力阀最高压力。远控口 K 可以用来进行远程控制。用同样的方式,也可以组成比例顺序阀和比例减压阀。

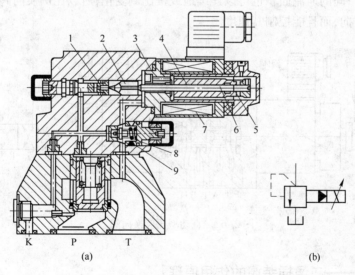

图2-60 比例溢流阀

(a)结构图;(b)图形符号

1—先导阀座;2—先导锥阀;3—极靴;4—衔铁;
5,8—弹簧;6—顶杆;7—线圈;9—手调先导阀

用比例电磁铁取代节流阀或调速阀的手调装置,以输入电信号控制节流口开度,便可连续地或按比例地远程控制其输出流量,实现执行部件的速度调节。图2-61是电液比例调

速阀的结构原理及图形符号。图中的节流阀芯由比例电磁铁的推杆操纵,输入的电信号不同,则电磁力不同,推杆受力不同,与阀芯左端弹簧力平衡后,便有不同的节流口开度。由于定差减压阀已保证了节流口前后压差为定值,所以一定的输入电流就对应一定的输出流量,不同的输入信号变化,就对应着不同的输出流量变化。

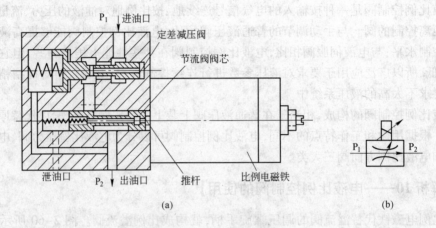

图 2-61　电液比例调速阀

(a) 结构原理图;(b) 图形符号

　　用比例电磁铁取代电磁换向阀中的普通电磁铁,便构成直动型比例换向阀,如图 2-62 所示。由于使用了比例电磁铁,阀芯不仅可以换位,而且换位的行程可以连续地或按比例变化,因而连通油口间的通流面积也可以连续地或按比例变化,所以比例换向阀不仅能控制执行元件的运动方向,而且能控制其速度。

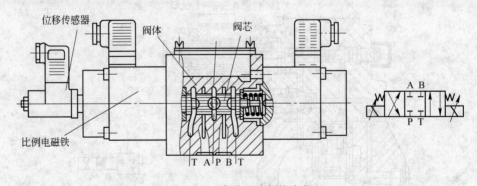

图 2-62　直动型比例换向阀

【知识学习 11——二通插装阀的作用原理】

　　普通液压阀在流量小于 200 ~ 300 L/min 的系统中性能良好,但用于大流量系统并不具有良好的性能,特别是阀的集成更成为难题。20 世纪 70 年代初,二通插装阀的出现为此开创了道路。二通插装阀及其集成系统具有以下特点:

　　(1) 插装主阀结构简单,通流能力大,故用通径很小的先导阀与之配合便可构成通径很大的各种二通插装阀,最大流量可达 10000 L/min。

　　(2) 不同的阀有相同的插装主阀,一阀多能,便于实现标准化。

（3）泄漏小，便于无管连接，先导阀功率又小，具有明显的节能效果。

二通插装阀目前广泛用于冶金、船舶、塑料机械等大流量系统中。

图 2-63 所示为二通插装阀的结构原理，它由控制盖板、插装主阀（由阀套、弹簧、阀芯及密封件组成）、插装块体和先导元件（置于控制盖板上，图中未画）组成。插装主阀采用插装式连接，阀芯为锥形。根据不同的需要，阀芯的锥端可开阻尼孔或节流三角槽，也可以是圆柱形阀芯。

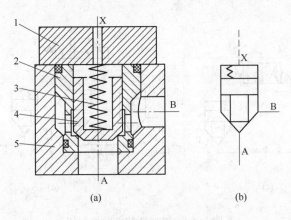

图 2-63　二通插装阀
（a）结构原理；（b）符号
1—控制盖板；2—阀套；3—弹簧；4—阀芯；5—插装块体

盖板将插装主阀封装在插装块体内，并沟通先导阀和主阀。通过主阀阀芯的启闭，可对主油路的通断起控制作用。使用不同的先导阀可构成压力控制、方向控制或流量控制，并可组成复合控制。若干个不同控制功能的二通插装阀组装在一个或多个插装块体内便组成液压回路。

就工作原理而言，二通插装阀相当于一个液控单向阀。A 和 B 为主油路仅有的两个工作油口（所以称为二通阀），X 为控制油口。通过控制油口的启闭和对压力大小的控制，即可控制主阀阀芯的启闭和油口 A、B 的流向与压力。

【任务解析 11——二通插装阀的使用】

A　二通插装方向控制阀

图 2-64 示出几个二通插装方向控制阀的实例。图 2-64（a）表示用作单向阀。设 A、B 两腔的压力分别为 p_A 和 p_B。当 $p_A > p_B$ 时，锥阀关闭，A 和 B 不通；当 $p_A < p_B$，且 p_B 达到一定数值（开启压力）时，便打开锥阀使油液从 B 流向 A（若将图 2-63a 改为 B 和 X 腔沟通，便构成油液可从 A 流向 B 的单向阀）。图 2-64（b）用作二位二通换向阀，在图示状态下，锥阀开启，A 和 B 腔连通；当二位三通电磁阀通电且 $p_A > p_B$ 时，锥阀关闭，A、B 油路切断。图 2-64（c）用作二位三通换向阀，在图示状态下，A 和 T 连通，A 和 P 断开；当二位四通电磁阀通电时，A 和 P 连通，A 和 T 断开。图 2-64（d）用作二位四通阀，在图示状态下，A 和 T 和 B 连通；当二位四通电磁阀通电时，A 和 P、B 和 T 连通。用多个先导阀（如上述各电磁阀）和多个主阀相配，可构成复杂位通组合的二通插装换向阀，这是普通换向阀做不到的。

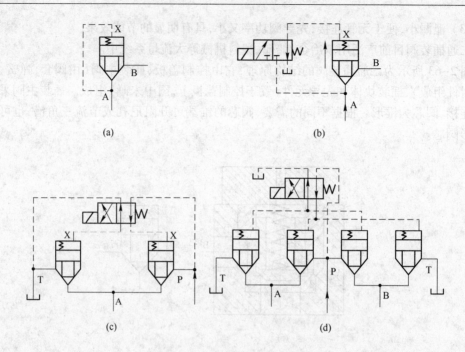

图 2-64　二通插装方向控制阀

B　二通插装压力控制阀

对 X 腔采用压力控制可构成各种压力控制阀,其结构原理如图 2-65(a)所示。用直动型溢流阀 1 作为先导阀来控制插装主阀 2,在不同的油路连接下便构成不同的压力阀。例如,图 2-65(b)表示 B 腔通油箱,可用作溢流阀。当 A 腔油压升高到先导阀调定的压力时,先导阀打开,油液流过主阀芯阻尼孔时造成两端压差,使主阀芯克服弹簧阻力开启,A 腔压力油便通过打开的阀口经 B 溢回油箱,实现溢流稳压。当二位二通阀通电时便可作为卸荷阀使用。图 2-65(c)表示 B 腔接一有载油路,构成顺序阀。此外,若主阀采用油口常开

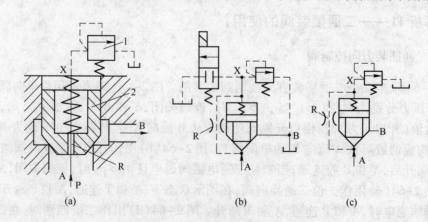

图 2-65　二通插装压力控制阀
(a)结构原理;(b)用作溢流阀或卸荷阀;(c)用作顺序阀
1—先导阀;2—主阀;R—阻尼孔

的圆锥阀芯,则可构成二通插装减压阀;若以比例溢流阀作先导阀,代替图中直动型溢流阀,则可构成二通插装电液比例溢流阀。

C 二通插装流量控制阀

在二通插装方向控制阀的盖板上增加阀芯行程调节器以调节阀芯的开度,这个方向阀就兼具了可调节流阀的功能,即构成二通插装节流阀,其符号表示如图2-66所示。若用比例电磁铁取代节流阀的手调装置,则可组成二通插装电液比例节流阀。若在二通插装节流阀前串联一个定差减压阀,就可组成二通插装调速阀。

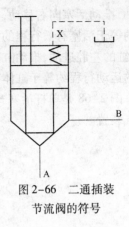

图2-66 二通插装
节流阀的符号

单元3 液压缸使用与维护

【工作任务】

液压缸使用与维护。

液压缸也称油缸,是液压传动系统中的执行元件。它是将油液的压力能转变为直线往复运动的机械能的能量转换装置。液压缸也是液压传动中用得最多的一种工作机构。

【知识学习1——液压缸的类型和结构特点】

液压缸有多种类型,按结构特点可分为活塞式、柱塞式和组合式三大类;按作用方式又可分为单作用式和双作用式两种。在单作用式液压缸中,压力油只供入液压缸的一腔,使缸实现单方向运动,反方向运动则依靠外力(弹簧力、自重或外部载荷等)来实现。在双作用式液压缸中,压力油交替供入液压缸的两腔,使缸实现正反两个方向的往复运动。活塞式液压缸可分为双杆式和单杆式两种结构。其固定方式有缸体固定和活塞杆固定两种。

A 活塞式液压缸

图2-67为双杆活塞式液压缸示意图。图2-67(a)所示为缸体固定式结构,缸的左腔

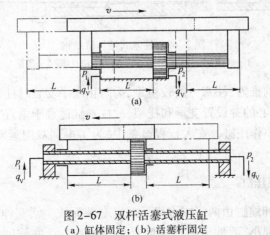

图2-67 双杆活塞式液压缸
(a)缸体固定;(b)活塞杆固定

进油,推动活塞向右移动,右腔则回油;反之,活塞向左移动。这种液压缸上某一点的运动行程约等于活塞有效行程的三倍,一般用于中小型设备。图 2-67(b)所示为活塞杆固定式结构,缸的左腔进油,推动缸体向左移动,右腔回油;反之,缸体向右移动。这种液压缸上某一点的运动行程约等于缸体有效行程的两倍,常用于大中型设备中。

图 2-68 是单杆活塞式液压缸的结构图,在液压缸的端部有节流缓冲装置,另一端还有排气装置。

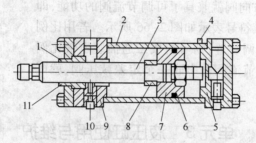

图 2-68　单杆活塞式液压缸结构图

1—油封;2—油缸;3—活塞杆;4—排气孔;5—油缸盖;6—O 形圈;7—活塞;
8—缓冲柱塞;9—油缸盖;10—缓冲阀;11—盖

B　柱塞缸

柱塞缸结构见图 2-69。它由缸筒 1、柱塞 2、导向套 3、密封圈 4 和压盖 5 等零件组成。压力油从液压缸左端进入,推动柱塞向右运动,回程则需借助运动件的自重或其他外力的作用。和活塞式液压缸相比,柱塞式液压缸有如下特点:柱塞端面为承受油液压力的工作面,而动力是通过柱塞本身传送的;缸体内壁和柱塞的外表面不接触,因此缸体内壁不需要精加工,只要柱塞精加工就可以了,故加工工艺简化,结构也简单,制造容易得多,特别适用于行程较长的场合。

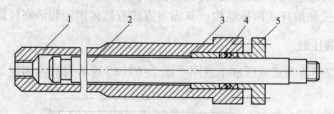

图 2-69　柱塞式液压缸结构

1—缸筒;2—柱塞;3—导向套;4—密封圈;5—压盖

为了能输出较大的推力,柱塞一般较粗重,为防止水平安装时柱塞因自重下垂造成的单边磨损,柱塞常制成空心的并设置支承和托架,故柱塞缸适宜于垂直安装使用。

柱塞缸只能制成单作用缸。在大行程设备中,为了得到双向运动,柱塞缸常成对使用,见图 2-70。

C　伸缩式套筒液压缸

如图 2-71 所示,伸缩缸由两级或多级活塞缸套装而成。活塞伸出的顺序是先大后小,相应的推力也是由大到小,而伸出时的速度是由慢到快。活塞缩回的顺序,一般是先小后大,而缩回的速度是由快到慢。这种缸伸出的活塞杆行程大,而收缩后的结构尺寸小,它的推力和速度是分级变化的。伸缩缸前一级的活塞与后一级的缸筒连为一体。伸缩缸常用于需占空间小且可实现长行程工作的机械上,如起重机伸缩臂、自卸汽车举升缸、挖掘机及自动线的输送带上等。

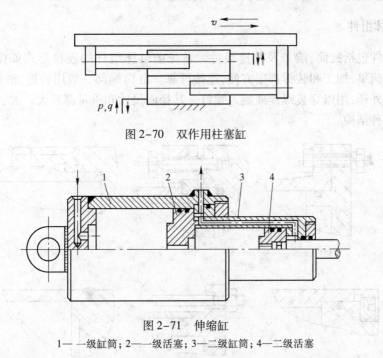

图 2-70 双作用柱塞缸

图 2-71 伸缩缸
1——一级缸筒;2——一级活塞;3—二级缸筒;4—二级活塞

D 齿条活塞缸

齿条活塞缸可将活塞的直线往复运动转变为齿轮轴的往复摆动。它由带有齿条杆的双活塞缸和齿轮齿条机构所组成,如图 2-72 所示。通过调节缸体两端盖上的螺钉即可调节摆动角度的大小。齿条活塞缸常用于机械手、回转工作台、回转夹具等需要转位机构的液压系统中。

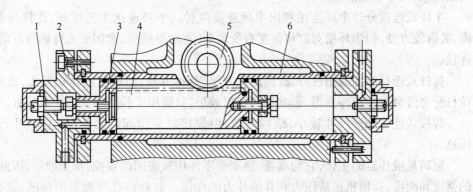

图 2-72 齿条活塞缸
1—调节螺钉;2—端盖;3—活塞;4—齿条活塞杆;5—齿轮;6—缸体

【知识学习 2——液压缸的典型结构】

液压缸由缸体组件(缸筒、端盖等)、活塞组件(活塞、活塞杆等)、密封件和连接件等基本部分组成。此外,一般液压缸还设有缓冲装置和排气装置。

A　缸体组件

缸体组件包括缸筒、端盖及其连接件。常见的缸体组件的连接形式如图 2-73 所示。法兰式结构简单,加工和装拆都很方便,连接可靠。缸筒端部一般用铸造、镦粗或焊接方式制成粗大的外径,用以穿装螺栓或旋入螺钉。其径向尺寸和重量都较大。大、中型液压缸大部分采用此种结构。

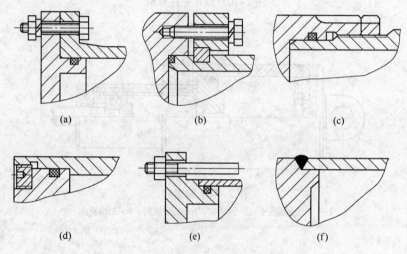

图 2-73　缸体组件的连接形式
(a) 法兰式;(b) 半环式;(c) 外螺纹式;(d) 内螺纹式;(e) 拉杆式;(f) 焊接式

螺纹式连接有外螺纹连接和内螺纹连接两种。其特点是重量轻,外径小,结构紧凑,但缸筒端部结构复杂,外径加工时要求保证内外径同轴,装卸需专用工具,旋端盖时易损坏密封圈,一般用于小型液压缸。

半环式连接分外半环连接和内半环连接两种。半环连接工艺性好,连接可靠,结构紧凑,装拆较方便,但半环槽对缸筒强度有所削弱,需加厚筒壁,常用于无缝钢管缸筒与端盖的连接。

拉杆式连接结构通用性好,缸筒加工方便,装拆方便,但端盖的体积较大,重量也较大,拉杆受力后会发生拉伸变形,影响端部密封效果,只适用于长度不大的中低压缸。

焊接式连接外形尺寸较小,结构简单,但焊接时易引起缸筒变形,主要用于柱塞式液压缸。

缸筒是液压缸的主体,它与端盖、活塞等零件构成密闭的容腔,承受油压,因此要有足够的强度和刚度,以便抵抗液压力和其他外力的作用。缸筒内孔一般采用镗削、铰孔、滚压或珩磨等精密加工工艺制造,以使活塞及其密封件、支承件能顺利滑动和保证密封效果,减少磨损。为了防止腐蚀,缸筒内表面有时需镀铬。

端盖装在缸筒两端,与缸筒形成密闭容腔,同样承受很大的液压力,因此它们及其连接部件都应有足够的强度。设计时既要考虑强度,又要选择工艺性较好的结构形式。

导向套对活塞杆或柱塞起导向和支承作用。有些液压缸不设导向套,直接用端盖孔导向,这种结构简单,但磨损后必须更换端盖。

B　活塞组件

活塞组件由活塞、活塞杆和连接件等组成。活塞与活塞杆的连接形式如图2-74所示。

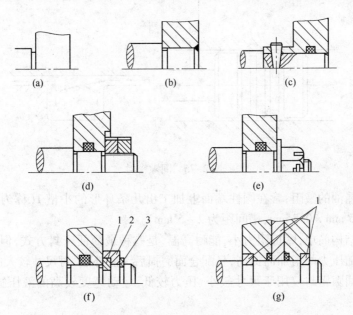

图2-74　活塞与活塞杆的连接形式
(a)整体式;(b)焊接式;(c)锥销式;(d),(e)螺纹式;(f),(g)半环式
1—半环;2—轴套;3—弹簧圈

整体式连接(见图2-74a)和焊接式连接(见图2-74b)结构简单,轴向尺寸紧凑,但损坏后需整体更换。锥销式连接(见图2-74c)加工容易,装配简单,但承载能力小,且需要必要的防止脱落措施。螺纹式连接(见图2-74d、e)结构简单,装拆方便,但一般需备有螺母防松装置。半环式连接(见图2-74f、g)强度高,但结构复杂。在轻载情况下可采用锥销式连接;一般情况使用螺纹式连接;高压和振动较大时多用半环式连接;对活塞和活塞杆比值 D/d 较小、行程较短或尺寸不大的液压缸,其活塞与活塞杆可采用整体式或焊接式连接。

活塞受油压的作用在缸筒内作往复运动,因此,活塞必须具备一定的强度和良好的耐磨性。活塞一般用铸铁制造。

活塞杆是连接活塞和工作部件的传力零件,它必须具有足够的强度和刚度。活塞杆无论是实心的还是空心的,通常都用钢料制造。活塞杆在导向套内往复运动,其外圆表面应当耐磨并有防锈能力,故活塞杆外圆表面有时需镀铬。

C　密封装置

液压缸的密封主要指活塞与缸筒、活塞杆与端盖之间的动密封和缸筒与端盖间的静密封。液压缸的密封应能防止油液的泄漏或外界杂质和空气侵入液压系统而影响液压缸的工作性能和效率。设计或选用密封装置的基本要求是:具有良好的密封性能,并随着压力的增加能自动提高其密封性能,摩擦阻力小,密封件耐油性、抗腐蚀性好,耐磨性好,使用寿命长,使用的温度范围广,制造简单,装拆方便。常见的密封方法有以下几种。

a　间隙密封

间隙密封是通过精密加工,使具有相对运动的零件配合之间存在极微小(0.01 ~ 0.05 mm)的间隙 δ(见图 2-75),由此产生液阻来防止泄漏的一种密封方式。

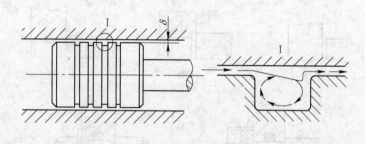

图 2-75　间隙密封

为增加泄漏油的液阻,常在圆柱端面上加工出几条环形的小槽 I(称为压力平衡槽,尺寸宽×深为 0.5 mm ×0.5 mm,槽间距为 2 ~5 mm)。

间隙密封结构简单,摩擦阻力小,能耐高温,是一种最简便密封方式,但其密封效果差,密封性能不能随压力的增加而提高,且配合面磨损后无法补偿,对尺寸较大的液压缸难以实现密封。因此间隙密封仅用于尺寸较小、压力较低、运动速度较高的液压缸与活塞孔间的密封。

b　密封圈密封

(1) O 形密封。如图 2-76 所示,O 形密封圈的截面为圆形,由耐油合成橡胶制成。当压力低时,利用橡胶的弹性密封,而在压力升高时则利用橡胶的变形来实现密封。

O 形密封圈结构紧凑,具有良好的密封性能,内外侧和端面都能起密封作用,运动件的摩擦阻力小;此外它制造容易,装拆方便,成本低,且高低压均可使用。因此 O 形密封圈在液压系统中得到广泛的应用。

(2) Y 形密封。如图 2-77 所示,Y 形密封圈的截面呈 Y 形,用耐油橡胶制成。工作时,

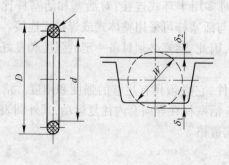

图 2-76　O 形密封

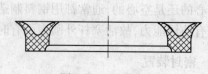

图 2-77　Y 形密封

它利用油的压力使两唇边贴于密封面而保持密封。Y形密封圈在安装时,一定要使其唇边对着有压力的油腔,才能起密封作用。为防止密封圈产生翻转,要采用支承环定位,Y形密封圈密封的特点是能随着工作压力的变化自动调整密封性能,密封性能可靠,摩擦阻力小,当压力降低时唇边压紧力也随之降低,从而减少了摩擦阻力和功率消耗。Y形密封圈既可作轴用密封圈也可作孔用密封圈,一般用于轴、孔作相对往复运动且速度较高的场合。

(3) V形密封。图2-78所示为V形密封圈。V形密封圈由多层涂胶织物压制而成。当压紧环压紧密封环时,支承环使密封环产生变形而起密封作用。安装时也应注意方向,即密封环开口应对着有压力的油腔。

V形密封圈耐压性能好,磨损后可进行压紧补偿,且接触面较长,密封性可靠,但密封处摩擦阻力较大,多用于运动速度不高的场合。

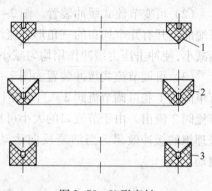

图2-78 V形密封
1—支承环; 2—密封环; 3—压环

c 活塞环密封

如图2-79所示,活塞环密封是利用铸铁等材料制成的金属环的弹性变形力压紧在密封表面而实现密封的一种密封方式。这种密封方式只能用于活塞与缸筒内壁间的密封,故称之为活塞环。活塞环通常不单独使用,需要由三个以上的活塞环合用,加工工艺较复杂,成本高。但由于能在高温、高速的条件下工作,且使用寿命长,故常用于拆装不便的重型设备的液压缸中。

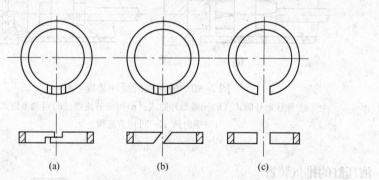

图2-79 活塞环密封
(a) 阶梯式; (b) 斜口式; (c) 直口式

D 液压缸的缓冲装置

当液压缸带动质量较大的部件作快速往复运动时,由于运动部件具有很大的动能,因此当活塞运动到液压缸的终端时,会与端盖发生机械碰撞,从而产生冲击和噪声,这样会引起液压缸的损坏。故一般应在液压缸内设置缓冲装置,或在液压系统中设置缓冲回路。

缓冲的一般原理是:当活塞快速运动到接近缸盖时,通过节流的方法增大回油阻力,使液压缸的排油腔产生足够的缓冲压力,活塞因运动受阻而减速,从而避免与缸盖快速相撞。常见的缓冲装置如图 2-80 所示。

（1）环状间隙缓冲装置。图 2-80(a)、(b)为圆柱形和圆锥形环隙式缓冲装置,活塞端部有圆柱形或圆锥形缓冲柱塞。当柱塞运动至液压缸端盖处的圆柱光孔时,封闭在缸筒内的油液只能从环形间隙处挤出,这时活塞即受到一个很大的阻力而减速制动,从而减缓了冲击。

（2）可变节流式缓冲装置。图 2-80(c)为可变节流式缓冲装置,在其圆柱形的缓冲柱塞端部上开有几个均布的三角形节流沟槽。随着柱塞伸入孔中距离的增长,其节流面积逐渐减小,使冲击压力缓冲作用均匀减小,制动位置精度高。

（3）可调节流式缓冲装置。图 2-80(d)为可调节流式缓冲装置,在液压缸的端盖上设有单向阀 1 和可调节流阀 2。当缓冲柱塞伸入端盖上的内孔后,活塞与端盖间的油液须经节流阀 2 流出。由于节流口的大小可根据液压缸负载及速度的不同进行调整,因此能获得最理想的缓冲效果。当活塞反向运动时,压力油可经单向阀 1 进入活塞端部,使其迅速启动。

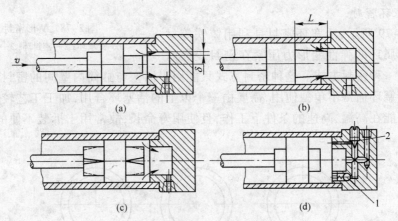

图 2-80　液压缸的缓冲装置
(a) 圆柱形环隙式;(b) 圆锥形环隙式;(c) 可变节流式;(d) 可调节流式
1—单向阀 ;2—可调节流阀

E　液压缸的排气装置

液压缸中不可避免地会混入空气,由此会引起活塞运动时的爬行和振动,产生噪声,甚至使整个液压系统不能正常工作。排气装置如排气塞、排气阀等常安装在液压缸的最上部位置,用来排除缸中的空气。图 2-81 所示为排气塞。松开排气塞螺钉后,让液压缸全行程空载往复运动若干次,带有气泡的油液就会排出。然后再拧紧排气塞螺钉,液压缸便可正常工作。

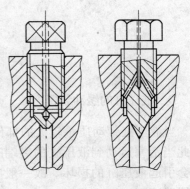

图 2-81　排气塞

【任务解析1——液压缸的使用】

A　双杆活塞式液压缸

如图 2-67 所示,双杆式活塞缸的活塞两侧都有活塞杆伸出,当两侧活塞杆直径相等且缸内两腔输入的压力油和流量相等时,活塞或缸体在两个方向上输出的运动速度和推力也相等,即

$$v = \frac{q_v}{A_2} = \frac{4q_v}{\pi(D - d^2)} \tag{2-9}$$

$$F = (p_1 - p_2)A = \frac{\pi}{4}(D^2 - d^2)(p_1 - p_2) \tag{2-10}$$

式中　v——活塞(或缸体)的运动速度;

　　q_v——输入液压缸的流量;

　　F——活塞(或缸体)上的液压推力;

　　p_1——液压缸的进油压力;

　　p_2——液压缸的回油压力;

　　A——活塞的有效作用面积;

　　D——活塞直径(即缸体内径);

　　d——活塞杆直径。

这种两个方向等速、等力的特性使双杆液压缸可以用于双向负载基本相等的场合,如磨床液压系统。

B　单杆活塞式液压缸

图 2-82 所示为双作用单杆活塞式液压缸。它只在活塞的一侧装有活塞杆,因而两腔有效作用面积不同,当向缸的两腔分别供油,且供油压力和流量不变时,活塞在两个方向的运动速度和输出推力皆不相等。

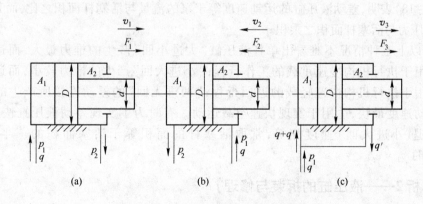

图 2-82　单活塞杆液压缸计算简图

a　无杆腔进油,有杆腔回油(大进小回)

如图 2-82(a)所示,此时有效作用面积为活塞大端面积,活塞向右的运动速度为

$$v_1 = \frac{q}{A_1} = \frac{4q}{\pi D^2} \tag{2-11}$$

活塞输出作用力为

$$F_1 = p_1 A_1 - p_2 A_2 = \frac{\pi}{4} \left[D^2 p_1 - (D^2 - d^2) p_2 \right] \tag{2-12}$$

若背压(回油腔压力)很小,可略去不计,则

$$F_1 = p_1 A_1 = \frac{\pi}{4} D^2 p_1 \tag{2-13}$$

b　有杆腔进油,无杆腔回油(小进大回)

如图 2-82(b)所示,此时有效作用面积为活塞大端面积减去活塞杆面积,活塞向左的运动速度为

$$v_2 = \frac{q}{A_2} = \frac{4q}{\pi(D - d^2)} \tag{2-14}$$

活塞输出作用力为

$$F_2 = p_1 A_2 - p_2 A_1 = \frac{\pi}{4} \left[(D^2 - d^2) p_1 - D^2 p_2 \right] \tag{2-15}$$

若背压可忽略不计

$$F_2 = \frac{\pi}{4} (D^2 - d^2) p_1 \tag{2-16}$$

c　两腔连接同时进油,无回油(两进无回)

如图 2-82(c)所示,此时大小腔同时进油,压力相同,但因油压作用面积不等,可产生差动,此时活塞向右的运动速度为

$$v_3 = \frac{4q}{\pi d^2} \tag{2-17}$$

差动时的作用力为

$$F_3 = \frac{\pi}{4} d^2 p_1 \tag{2-18}$$

式(2-18)表明,差动液压缸的运动速度等于泵的流量与活塞杆面积之比,而其作用力等于工作压力与活塞杆面积之乘积。

比较以上三种情况不难看出单杆液压缸"大进小回"产生的推力最大,而运动速度最慢,适用于执行机构慢速重载的工作行程;"小进大回"产生的推力较小,而运动速度较快,适用于执行机构快速轻载的返回行程;"两进无回"的差动连接所产生的推力最小,但运动速度最快,适用于实现快速空载运动。有时为了实现差动液压缸快速进(两进无回)退(小进大回)速度相等,常取活塞杆的面积等于活塞面积的一半,即 $d = 0.7D$,此时 $v_2 = v_3$。

【任务解析 2——液压缸的拆装与修理】

A　拆卸

(1)首先应开动液压系统,借助液压力将活塞移到适于拆卸的一个顶端位置。

(2)在进行拆卸之前,切断电源,使液压装置停止运动。

（3）为了分析液压缸的受力情况，以便帮助查找液压缸的故障及损坏原因，在拆卸液压缸以前，对主要零部件（如缸筒、活塞杆、活塞、导向套等）的特征、安装方位，应当做上记号，并记录下来。

（4）为了将液压缸从设备上卸下，先将进、出油口的配管卸下，活塞杆端的连接头和安装螺栓等需要全部松开。拆卸时，应严防损伤活塞杆顶端的螺纹、油口螺纹和活塞杆表面。譬如，拆卸中，不合适的敲打以及突然的掉落，都会损坏螺纹，或在活塞杆表面产生打痕。因此，在操作中应该十分注意。

（5）由于液压缸的结构和大小不同，拆卸的顺序也稍有不同。一般应先松开端盖的紧固螺栓或连接杆，然后将端盖、活塞杆、活塞和缸筒顺序拆卸。注意在拆出活塞与活塞杆时，不应硬性将它们从缸筒中打出，以免损伤缸筒内表面。

B　检查与修理

液压缸拆卸以后，首先应对液压缸各零件进行外观检查，根据经验判断哪些零件可以继续使用，哪些零件必须更换和修理。

（1）缸筒内表面。缸筒内表面有很浅的线状摩擦伤或点状伤痕是允许的，对使用无碍。如果有纵状拉伤深痕时，即使更换新的活塞密封圈，也不可能防止漏油，必须对内孔进行研磨，也可用极细的砂纸或油石修正。当纵状拉伤为深痕且没法修正时，就必须重新更换新缸筒。

（2）活塞杆的滑动面。在与活塞杆密封圈作相对滑动的活塞杆滑动面上，产生纵状拉伤或打痕时，其判断和处理方法与缸筒内表面相同。但是，活塞杆的滑动表面一般是镀硬铬的，如果部分镀层因磨损产生剥离，形成纵状伤痕时，活塞杆密封处的漏油对运行影响很大。此时必须除去旧的镀层，重新镀铬、抛光。镀铬厚度为 0.05 mm 左右。

（3）密封。活塞密封件和活塞杆密封件是防止液压缸内部漏油的关键零件。检查密封件时，应当首先观察密封件的唇边有无损伤，密封摩擦面的磨损情况。当发现密封件唇口有轻微的伤痕，摩擦面略有磨损时，最好能更换新的密封件。对使用日久、材质产生硬化脆变的密封件，也须更换。

（4）活塞杆导向套的内表面有些伤痕，对使用没有什么妨碍。但是，如果不均匀磨损的深度在 0.2 ~ 0.3 mm 以上时，就应更换新的导向套。

（5）活塞的表面。如活塞表面有轻微的伤痕时，不影响使用。但若伤痕深度达 0.2 ~ 0.3 mm 时，就应更换新的活塞。还要检查是否有由端盖的碰撞、内压等引起活塞的裂缝，如有，则必须更换活塞，因为裂缝可能会引起内部漏油。另外还需要检查密封槽是否受伤。

（6）其他。其他部分的检查，随液压缸构造及用途而异。但检查时应留意端盖、耳环、铰轴是否有裂纹、活塞杆顶端螺纹、油口螺纹有无异常，焊接部分是否有脱焊、裂缝现象。

C　装配

a　准备工作

（1）装配所用工具、清洗油液、器皿必须准备就绪。

（2）对待装零件进行合格性检查，特别是运动副的配合精度和表面状态。注意去除所有零件上的毛刺、飞边、污垢，清洗要彻底、干净。

b　装配要点

装配液压缸时，首先将各部分的密封件分别装入各相关元件，然后进行由内到外的安装，安装时要注意以下几点：

（1）不能损伤密封件。装配密封圈时，要注意密封圈不可被毛刺或锐角刮损，特别是带有唇边的密封圈和新型同轴密封件应尤为注意。若缸筒内壁上开有排气孔或通油孔，应检查、去除孔边毛刺。缸筒上与油口孔、排气孔相贯通的部位，要用质地较软的材料塞平，再装活塞组件，以免密封件通过这些孔口时被划伤或挤破。检查与密封圈接触或摩擦的相应表面，如有伤痕，则必须进行研磨、修正。当密封圈要经过螺纹部分时，可在螺纹上卷上一层密封带，在带上涂上些润滑脂，再进行安装。

在液压缸装配过程中，用洗涤油或柴油将各部分洗净，再用压缩空气吹干，然后在缸筒内表面及密封圈上涂一些润滑脂。这样不仅能使密封圈容易装入，而且在组装时能保护密封圈不受损坏，效果较显著。

（2）切勿搞错密封圈的安装方向，安装时不可产生拧扭挤出现象。

（3）活塞杆与活塞装配以后，必须设法用百分表测量其同轴度和全长上的直线度，务使差值在允许范围之内。

（4）组装之前，将活塞组件在液压缸内移动，确认运动灵活、无阻滞和轻重不均匀现象后，方可正式总装。

（5）装配导向套、缸盖等零件有阻碍时，不能硬性压合或敲打，一定要查明原因，消除故障后再行装配。

（6）拧紧缸盖连接螺钉时，要依次对角地施力，且用力要均匀，要使活塞杆在全长运动范围内，可灵活无阻滞地运动。全部拧紧后，最好用扭力扳手再重复拧紧一遍，以达到合适的紧固扭力和扭力数值的一致性。

单元4　液压马达的使用

【工作任务】

液压马达的使用。

【知识学习1——液压马达的性能】

液压马达是将液压能转化成机械能并输出旋转运动的液压执行元件。向液压马达通入压力油后，由于作用在转子上的液压力不平衡而产生扭矩，转子旋转。液压马达的结构与液压泵相似。从工作原理上看，任何液压泵都可以做液压马达使用，反之亦然。在实际使用时，液压泵通常为单向旋转，工作转速都比较高，一般要求有较高的容积效率，减少泄漏；而液压马达多为双向旋转，往往需要很低的转速，希望有较高的机械效率，得到较大的输出转矩。这就使得它们在结构上有所区别。

液压马达作为驱动机械旋转运动的元件，与电动机相比较有很多优点，如体积小、重量轻、功率大、调速比大、可无级变速、转动惯量小、启动和制动迅速等,特别适用于自动控制系统。

液压马达的图形符号如图 2-83 所示。

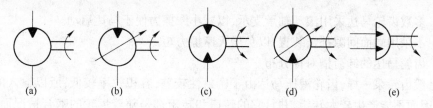

图 2-83　液压马达的图形符号

(a) 单向定量马达；(b) 单向变量马达；(c) 双向定量马达；(d) 双向变量马达；(e) 摆动式液压马达

各种液压马达实际输出转矩 T 与转速 n 分别为:

$$T = \frac{1}{2\pi}\Delta p \eta_{\mathrm{m}}$$

$$n = \frac{q\eta_{\mathrm{V}}}{V}$$

式中　Δp——马达进出口压差；

　　　q——马达输入流量；

　　　V——马达排量；

　　　η_{V}——马达容积效率；

　　　η_{m}——马达机械效率。

【知识学习 2——液压马达的类型】

液压马达按结构分类与液压泵基本相同,有齿轮液压马达、叶片液压马达、轴向柱塞马达、径向柱塞马达等。

A　齿轮液压马达

齿轮液压马达的结构和工作原理如图 2-84 所示,图中 P 为两齿轮的啮合点。设齿轮的齿高为 h,啮合点 P 到两齿根的距离分别为 a 和 b,由于 a 和 b 都小于 h,所以当压力油作用在齿面上时(如图中箭头所示,凡齿面两边受力平衡的部分都未用箭头表示)在两个齿轮上都有一个使它们产生转矩的作用力 $pB(h-a)$ 和 $pB(h-b)$,其中 p 为输入油液的压力,B 为齿宽,在上述作用力下,两齿轮按图示方向旋转,并将油液带回低压腔排出。

齿轮马达的结构与齿轮泵相似,但有以下特点:

(1) 进出油道对称,孔径相等,这使齿轮马达能正

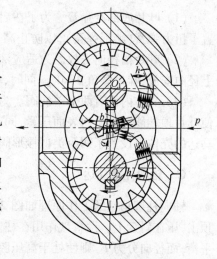

图 2-84　齿轮液压马达的工作原理

反转。

（2）采用外泄漏油孔，因为马达回油腔压力往往高于大气压力，采用内部泄油会把轴端油封冲坏。特别是当齿轮马达反转时，原来的回油腔变成了压油腔，情况将更严重。

（3）多数齿轮马达采用滚动轴承支承，以减小摩擦力便于马达启动。

（4）不采用端面间隙补偿装置，以免增大摩擦力矩。

（5）齿轮马达的卸荷槽对称分布。

和一般齿轮泵一样，齿轮液压马达由于密封性较差，容积效率较低，所以输入的油压不能过高，因而不能产生较大转矩，并且它的转速和转矩都是随着齿轮的啮合情况而脉动的。因此，齿轮液压马达一般多用于高转速低转矩的情况。

B　叶片液压马达

常用的叶片液压马达为双作用式，所以不能变量，其工作原理如图 2-85 所示。压力油从进油口进入叶片之间，位于进油腔的叶片有 3、4、5 和 7、8、1 两组。分析叶片受力情况可知，叶片 4 和 8 两侧均受高压油作用，作用力互相抵消不产生扭矩。叶片 3、5 和叶片 7、1 所承受的压力不能抵消，产生一个顺时针方向转动的力矩 M，而处在回油腔的 1、2、3 和 5、6、7 两组叶片，由于腔中压力很低，所产生的力矩可忽略不计。因此，转子在力矩 M 的作用下按顺时针方向旋转。若改变输油方向，液压马达即反转。

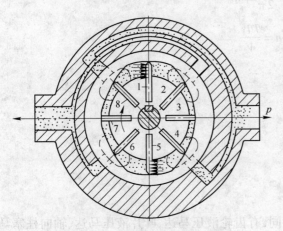

图 2-85　叶片式液压马达工作原理

与相应的 YB 型叶片泵相比，YM 型叶片马达有以下几个特点。

（1）叶片底部有弹簧。为了在启动时能保证叶片紧贴在定子内表面上，在叶片底部设置了扭力弹簧（燕形弹簧），以防止高、低压油腔串通。

（2）叶片槽径向安放。为适应液压马达能正反两个方向旋转，叶片马达的叶片在转子上径向安放，叶片倾角 $\theta = 0°$。同时，叶片顶部对称倒角。

（3）壳体内设有两个单向阀。为了保证叶片底部在两种转向时都能始终通压力油，以使叶片顶端能与定子内表面压紧，同时又能保证变换进出油口（反转）时不受影响，在叶片马达的壳体上设置了两个类似梭形阀的单向阀。

C　轴向柱塞马达

轴向柱塞马达的工作原理如图 2-86 所示。当压力油输入时，处于高压腔中的柱塞被顶出，压在斜盘上。设斜盘作用在柱塞上的反力为 F。F 的轴向分力 F_x 与柱塞上的液压力平衡；而径向分力 F_y 则使处于高压腔中的每个柱塞都对转子中心产生一个转矩，使缸体和马达轴旋转。如果改变液压马达压力油的输入方向，马达轴则反转。

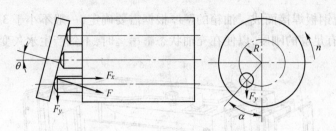

图 2-86 轴向柱塞马达工作原理图

【任务解析——液压马达的使用】

（1）液压马达容积密封必须可靠。为此叶片式马达叶片根部设有预压弹簧,使其始终贴紧定子,以保证马达顺利启动。

（2）液压马达有正、反转要求,所以配流机构是对称的,进出油口孔径相同。

（3）液压马达是双向运转,高低压油口相互交换。当采用出油口节流调速时,产生背压,使内泄漏孔压力增高,很容易因压力冲击损坏密封圈。所以,若用液压泵做马达时,应采用外泄漏式结构。

（4）液压马达容积效率比泵低,所以,液压马达的转速不宜过低,即供油的流量不能太小。

（5）液压马达启动转矩大。为使启动转矩与工作状态尽量接近,要求其转矩脉动要小,内部摩擦要小,齿数、叶片数、柱塞数应比泵多。马达的轴向间隙补偿装置的压紧力比泵小,以减小摩擦。

单元5 辅助元件的使用

【工作任务】

油箱、蓄能器、滤油器等辅助元件的使用。

【知识学习1——油箱】

A 油箱的功用和类型

油箱的主要功用是储存油液、散发热量、沉淀杂质和分离混入油液中的空气和水分。按油箱液面与大气是否相通,油箱分为开式油箱和闭式油箱;按液压泵与油箱相对安装位置,油箱分为上置式（液压泵装在油箱盖上）、下置式（液压泵装在油箱内浸入油中）和旁置式（液压泵装在油箱外侧旁边）三种。对于上置式油箱,泵运转时由于箱体共鸣易引起振动和噪声,对泵的自吸能力要求较高,因此只适合于小泵;下置式油箱有利于泵的吸油,噪声也较小,但泵的安装、维修不便;对于旁置式油箱,因泵装于油箱一侧,且液面在泵的吸油口之上,最有利于泵的吸油、安装及泵和油箱的维修,此类油箱适合于大泵。

B 开式油箱的结构

开式油箱的典型结构见图 2-87。开式油箱由薄钢板焊接而成,大的开式油箱往往用角钢做骨架,蒙上薄钢板焊接而成。油箱的壁厚根据需要确定,一般不小于 3 mm,特别小的油箱例外。油箱要有足够的刚度,以便在充油状态下吊运时,不致产生永久变形。

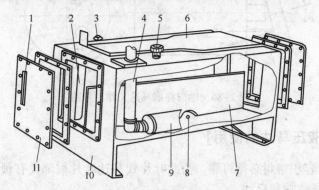

图 2-87　开式油箱结构示意图

1—液面指示器;2—回油管;3—泄油管;4—吸油管;5—空气滤清器(带加油滤油器);
6—盖板;7—隔板;8—堵塞;9—滤油器;10—箱体;11—清洗用侧板

【任务解析 1——油箱的使用】

(1) 液压系统工作时,为防止吸油管吸入空气,液面不能太低;反之停止工作时,系统中的油液能全部返回油箱而不会溢出,通常油箱液面不得超过油箱高度的 80%。

(2) 吸油管和回油管应尽量相距远些,且两管之间用隔板隔开,以便将回油区与吸油区分开,增加油液循环距离,这样有利于散热,也使油液有足够的时间分离气泡,沉淀杂质。隔板高度最高为油箱高度的 2/3,小的油箱可使油经隔板上的孔流到油箱的另一部分。较大的油箱有几块隔板,隔板宽度小于油箱宽度,使油经过曲折的途径才能缓慢到达油箱的另一部分。

(3) 油箱顶盖板上需设置通气孔,使液面与大气相通。但为了防止油液污染,通孔处应设置空气滤清器。泵的吸油管口所装滤油器,其底面与油箱底面距离,不应小于 20 mm,其侧面离箱壁应有 3 倍管径的距离,以利于油液顺利进入滤油器内。

(4) 回油管口应切成斜口,且插入油液中,以增大出油面积,其斜口面向箱壁以利于散热,减缓流速和沉淀杂质,以免飞溅起泡。油箱的底部应适当倾斜,并在其最低位置处设置放油塞,换油时可使油液和污物顺利排出。阀的泄漏油管应在液面以上,以免增加漏油腔的背压。

(5) 油箱的有效容积(指油面高度为油箱高度 80% 时油箱的容积)一般按液压泵的额定流量估算。在低压系统中,油箱容量为液压泵公称流量的 2～3 倍;在中压系统中为 5～7倍;在高压系统中为 6～12 倍;在行走机械中为 1.5～2 倍;对工作负载大,并长期连续工作的液压系统,油箱的容积需按液压系统发热、散热平衡的原则来计算。

(6) 油箱正常温度在 15～16℃ 之间,在环境温度变化较大时,需安装热交换器以及考虑测量与控制等措施。

【知识学习 2——蓄能器】

蓄能器是液压系统中的一种贮能装置。当系统有多余能量时,蓄能器将液压油的压力能转换成势能储存起来;当系统需要能量时,又将势能转换成油液的压力能释放出来。

　　蓄能器主要有弹簧式和气体隔离式两种类别,它们的结构简图和特点见表 2-13。目前气体隔离式蓄能器应用广泛。

表 2-13　蓄能器的种类和特点

名　称		结构简图及图形符号	特点和说明
弹簧式		弹簧 活塞 液压油	(1) 利用弹簧的伸缩来储存、释放压力能; (2) 结构简单,反应灵敏,但容量小; (3) 供小容量、低压($p \leq 1.2\ \text{MPa}$)回路缓冲之用,不适用于高压或高额的工作场合
气体隔离式	气瓶式	压缩空气 液压油	(1) 利用气体的压缩和膨胀来储存、释放压力能,气体和油液在蓄能器中直接接触; (2) 容量大、惯性小、反应灵敏,轮廓尺寸小,但气体容易混入油内,影响系统工作平稳性; (3) 只适用于大流量的中、低压回路
	活塞式	气口 壳体 活塞	(1) 利用气体的压缩和膨胀来储存、释放压力能;气体和油液在蓄能器中由活塞隔开; (2) 结构简单,工作可靠,安装容易,维护方便,但活塞惯性大,活塞和缸壁间有摩擦,反应不够灵敏,密封要求较高; (3) 用来储存能量,或供中、高压系统吸收压力脉动之用
	皮囊式	充气阀 壳体 气囊 菌形阀	(1) 利用气体的压缩和膨胀来储存、释放压力能,气体和油液在蓄能器中由皮囊隔开; (2) 带弹簧的菌状进油阀使油液能进入蓄能器又可防止皮囊自油口被挤出,充气阀只在蓄能器工作前皮囊充气时打开,蓄能器工作时则关闭; (3) 结构尺寸小,重量轻,安装方便,维护容易,皮囊惯性小,反应灵敏,但皮囊和壳体制造都较难; (4) 折合型皮囊容量较大,可用来储存能量,波纹型皮囊适用于吸收冲击

【任务解析 2——蓄能器的使用】

　　(1) 蓄能器一般应垂直安装,气阀向上,并在气阀周围留有一定的空间,以便检查和维护。装在管路上的蓄能器要有牢固的支持架装置。

　　(2) 液压泵与蓄能器之间应设单向阀,以防压力油向液压泵倒流;蓄能器与系统连接处应设置截止阀,供充气、检查、调整或长期停机时使用。

　　(3) 应尽可能将蓄能器安装在靠近振动源处,以吸收冲击和脉动压力,但要远离热源。

（4）蓄能器装好后,充以惰性气体(例如氮气),严禁充氧气、压缩空气或其他易燃气体。一般充气压力为系统最低使用压力的85%~90%。

（5）不能拆卸在充油状态下的蓄能器。

（6）在蓄能器上不能进行焊接、铆接、机械加工。

（7）备用气囊应存放在阴凉、干燥处。气囊不可折叠,而要用空气吹到正常长度后悬挂起来。

（8）蓄能器上的铭牌应置于醒目的位置,铭牌上不能喷漆。

蓄能器在液压系统中可有以下应用:

（1）作辅助动力源。如图 2-88 所示,对于作间歇运动的液压系统,利用蓄能器在执行元件不工作时贮存压力油,而当执行元件需快速运动时,由蓄能器与液压泵同时向液压缸供油,这样可以减小液压泵的容量和驱动功率,降低系统的温升。

（2）作应急油源。如图 2-89 所示,当突然断电或液压泵发生故障时,蓄能器能释放储存的压力油液供给系统,避免油源突然中断造成事故。

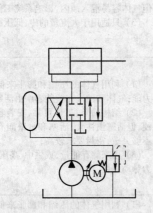

图 2-88　蓄能器作辅助动力源

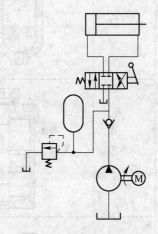

图 2-89　蓄能器作应急油源

（3）使系统保压和补偿泄漏。如图 2-90 所示,当执行元件需要较长时间保持一定的压力时,可利用蓄能器贮存的液压油补偿油路的泄漏损失,从而保持系统的压力。

（4）吸收系统压力脉动。如图 2-91 所示,对振动敏感的仪器及管接头等通过蓄能器的使用可使液压油的脉动降低到最小限度,损坏事故大为减少,噪声也显著降低。

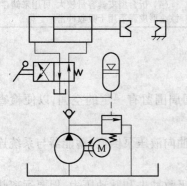

图 2-90　蓄能器使系统保压和补偿泄漏

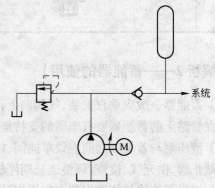

图 2-91　蓄能器吸收系统压力脉动

（5）缓和冲击。如图2-92所示，在控制阀或液压缸等冲击源之前应设置蓄能器，可缓和由于阀的突然换向或关闭、执行元件运动的突然停止等原因造成的液压冲击。

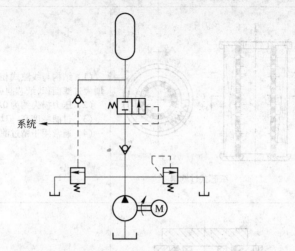

图2-92　蓄能器缓和冲击

【知识学习3——过滤器】

过滤器的作用是过滤掉油液中的杂质，降低液压系统中油液污染度，保证系统正常工作。常用过滤器的种类及结构特点见表2-14。

表2-14　常用过滤器的种类及结构特点

类　型	名称及结构简图	特点说明
表面型	网式过滤器	（1）过滤精度与金属丝层数及网孔大小有关，在压力管路上常采用粒度为74、104、150 μm的铜丝网，在液压泵吸油管路上常采用420～840 μm的铜丝网； （2）压力损失不超过0.004 MPa； （3）结构简单，通流能力大，清洗方便，但过滤精度低
	线隙式过滤器	（1）滤芯的一层金属依靠小间隙来挡住油液中杂质的通过； （2）压力损失约为0.003～0.06 MPa； （3）结构简单，通流能力大，过滤精度高，但滤芯材料强度低，不易清洗； （4）用于低压管道口，在液压泵吸油管路上时，它的流量规格宜选用比泵大

续表 2-14

类　型	名称及结构简图	特 点 说 明
深度型	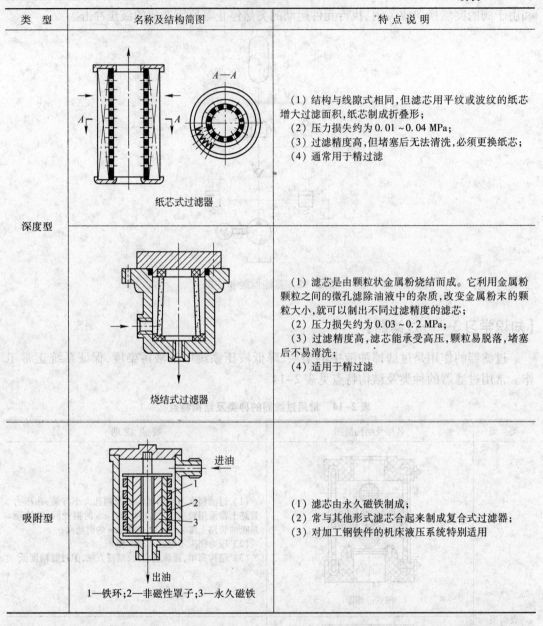纸芯式过滤器	(1) 结构与线隙式相同,但滤芯用平纹或波纹的纸芯增大过滤面积,纸芯制成折叠形; (2) 压力损失约为 0.01～0.04 MPa; (3) 过滤精度高,但堵塞后无法清洗,必须更换纸芯; (4) 通常用于精过滤
	烧结式过滤器	(1) 滤芯是由颗粒状金属粉烧结而成。它利用金属粉颗粒之间的微孔滤除油液中的杂质,改变金属粉末的颗粒大小,就可以制出不同过滤精度的滤芯; (2) 压力损失约为 0.03～0.2 MPa; (3) 过滤精度高,滤芯能承受高压,颗粒易脱落,堵塞后不易清洗; (4) 适用于精过滤
吸附型	进油 1 2 3 出油 1—铁环;2—非磁性罩子;3—永久磁铁	(1) 滤芯由永久磁铁制成; (2) 常与其他形式滤芯合起来制成复合式过滤器; (3) 对加工钢铁件的机床液压系统特别适用

　　为了便于观察滤油器在工作中的过滤性能,及时发现问题,线隙式和纸芯式等滤油器上装有如图 2-93 所示的堵塞指示装置和发讯报警装置,当滤芯被杂质堵塞时,流入和流出滤芯内外层的油液压差增大,使堵塞指示发讯装置动作,发出指示讯号。图 2-93(a) 为电磁干簧管式,因污垢积聚而产生的滤芯压差作用在柱塞 1 上,使它和磁钢 2 一起克服弹簧力右移,当压差到一定值(如 0.35 MPa)时,永久磁钢将干簧管 3 的触点吸合,于是电路闭合,发出信号(灯亮或蜂鸣器鸣叫)。图 2-93(b) 为滑阀式堵塞指示装置,当滤油器 4 的滤芯被污垢堵塞时,压差 (p_1-p_2) 增大,活塞 5 克服弹簧 6 的弹簧力右移,带动指针 7,由指针位置可知滤芯堵塞情况,从而决定是否需要清洗或更换滤芯。

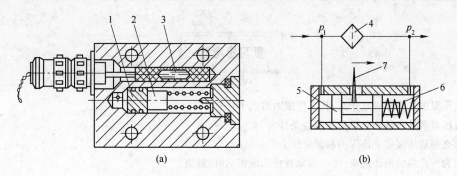

图 2-93　堵塞指示发讯装置的结构原理

（a）电磁干簧管式；（b）滑阀式

1—柱塞；2—磁钢；3—干簧管；4—滤油器；5—活塞；6—弹簧；7—指针

【任务解析3——过滤器的使用】

（1）滤油器在液压系统的安装位置主要按其用途而定。它可安装在液压泵吸油路上、压油路上、回油路上及旁路上等处，如图2-94所示。为了滤去液压油源的污物以保护液压泵，吸油管路要装设粗滤油器；为了保护关键液压元件，在其前面装设精滤油器；其余宜将滤油器装在低压回路管路中。

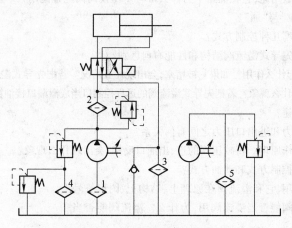

图 2-94　过滤器的安装位置

1～5—过滤器

（2）在液压泵吸油管上装置网式滤油器时，网式滤油器的底面不能与液压泵的吸管口靠得太近，否则吸油将会不畅。合理的距离是2/3的滤油器网高。滤油器一定要全部浸入油面以下，这样油液可从四面八方进入油管，过滤网得到充分利用。

（3）注意滤油器壳体上标明的液流方向，不能装反。否则，将会把滤芯冲毁，造成系统的污染。

（4）清洗金属编织方孔网滤芯元件时，可用刷子在汽油中刷洗。而清洗高精度滤芯元件，则需用超净的清洗液或清洗剂。金属丝编织的特种网和不锈钢纤维烧结毡等可以用超声波清洗或液流反向冲洗。滤芯元件在清洗时应堵住滤芯端口，防止污物进入滤芯腔内。

（5）当滤油器压差指示器显示红色信号时，要及时清洗或更换滤芯。

复习思考题

2-1　液压泵的工作原理是什么,其工作压力取决于什么?

2-2　液压泵吸油和排油必须具备哪些条件?

2-3　什么是液压泵的工作压力和额定压力?

2-4　何为齿轮泵的困油现象,这一现象有什么危害,如何解决?

2-5　齿轮泵的泄漏路径有哪些,提高齿轮泵的压力首要问题是什么?

2-6　齿轮泵、双作用叶片泵能做成变量泵吗,为什么?

2-7　双作用叶片泵结构上有哪些特点?

2-8　单作用叶片泵是如何做成内反馈限压式变量泵的?

2-9　单作用叶片泵、双作用叶片泵的叶片倾角各向什么方向?

2-10　齿轮泵、双作用叶片泵、单作用叶片泵在结构上各有哪些特点,工作原理各有哪些特点,如何正确判断其转子的转向,如何正确判断吸、压油腔?

2-11　轴向柱塞泵的工作原理是什么,如何变量?

2-12　说明普通单向阀和液控单向阀的工作原理及区别,它们在用途上有何区别?

2-13　双向液压锁有什么用途,它在油路中为什么常与 Y 型换向阀配合使用?

2-14　何为换向阀的"位"与"通"?

2-15　滑阀式换向阀有哪几种控制方式?

2-16　直动式溢流阀和先导式溢流阀结构和性能有何区别?

2-17　溢流阀的阻尼孔起什么作用? 如果它被堵塞,会出现什么情况? 若把先导式溢流阀弹簧腔堵死,不与回油腔接通,会出现什么现象? 若把先导式溢流阀的远程控制口当成泄漏口接油箱,会产生什么问题?

2-18　溢流阀有何种用途?

2-19　顺序阀的调定压力和进出口压力之间有何关系?

2-20　试述减压阀的工作原理。将减压阀的进、出油口反接,会出现什么现象?

2-21　顺序阀有哪几种控制方式和泄油方式?

2-22　顺序阀能做什么用,它和溢流阀在原理上、结构上、图形符号上有何异同? 顺序阀能否当溢流阀用,为什么? 溢流阀能否当顺序阀用,为什么?

2-23　试述节流阀的工作原理。

2-24　调速阀是如何稳定其输出流量的?

2-25　若将调速阀的进出口接错了,将出现何种后果?

2-26　试说明题 2-26 图所示回路中液压缸往复移动的工作原理。为什么无论是进还是退,只要负载 G 一过中线,液压缸就会发生断续停顿的现象? 为什么换向阀一到中位,液压缸便左右推不动?

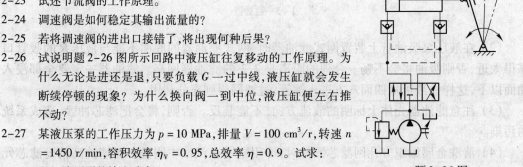

题 2-26 图

2-27　某液压泵的工作压力为 $p = 10$ MPa,排量 $V = 100$ cm^3/r,转速 $n = 1450$ r/min,容积效率 $\eta_v = 0.95$,总效率 $\eta = 0.9$。试求:

　　(1) 液压泵的输出功率。

　　(2) 电动机的驱动功率。

2-28　两腔面积相差很大的单杆缸用二位四通阀换向。有杆腔进油时,无杆腔回油流量很大,为避免使用大通径二位四通阀,可用一个液控单向阀分流,请画回路图。

2-29 题 2-29 图中溢流阀的调定压力为 5 MPa,减压阀的调定压力为 2.5 MPa,设缸的无杆腔面积 $A = 50\ \text{cm}^2$,液流通过单向阀和非工作状态下的减压阀时,压力损失分别为 0.2 MPa 和 0.3 MPa。当负载 F 分别为 0、7.5 kN 和 30 kN 时,试问:

(1) 缸能否移动?

(2) A、B 和 C 三点压力数值各为多少?

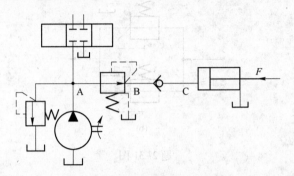

题 2-29 图

2-30 在题 2-30 图所示的两阀组中,溢流阀的调定压力为 $p_A = 4$ MPa、$p_B = 3$ MPa、$p_C = 5$ MPa,试求压力计读数。

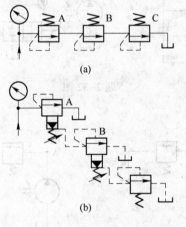

(a)

(b)

题 2-30 图

2-31 题 2-31 图所示两阀组的出口压力取决于哪个减压阀? 为什么? 设两减压阀调定压力一大一小,并且所在支路有足够的负载。

2-32 题 2-32 图所示阀组,各阀调定压力示于符号上方。若系统负载为无穷大,试按电磁铁不同的通断情况将压力表读数填在表中。

2-33 已知顺序阀的调整压力为 4 MPa,溢流阀的调整压力为 6 MPa,当系统负载无穷大时,分别计算题 2-33 图(a)和题 2-33 图(b)中 A 点处的压力值。

2-34 常用的液压缸有哪几种?

2-35 液压缸为什么设置排气装置?

2-36 液压缸如何实现排气和缓冲?

2-37 试分析单杆活塞缸有杆腔进油、无杆腔进油和差动连接时,其运动件的运动速度、运动方向和所受的液压推力有何异同。利用单杆式活塞缸可实现什么样的工作循环?

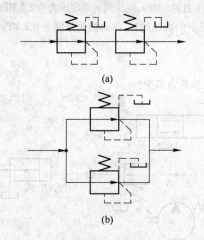

(a)

(b)

题 2−31 图

1YA	2YA	压力表读数
−	−	
+	−	
−	+	
+	+	

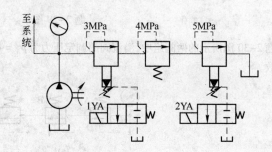

题 2−32 图

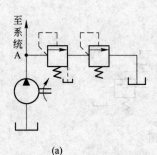

(a)

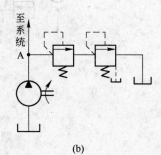

(b)

题 2−33 图

2−38　何种结构的液压缸可实现差动,双活塞杆液压缸可以做差动缸吗?

2−39　差动液压缸的输出作用力和速度如何计算?

2−40　一双杆活塞式液压缸,其内径 $D = 30$ mm,活塞杆直径 $d = 0.7D$,求:

　　　(1) 若进入液压缸的流量 $q = 8$ L/min,活塞运动的速度 v 为多大?

　　　(2) 若要求活塞运动速度 $v = 8$ cm/s,求液压缸所需要的流量 q 等于多少?

2−41　设计一单杆液压缸,已知外负载 $F = 2 \times 10^4$ N,活塞与活塞杆外的摩擦阻力 $F_\mu = 12 \times 10^2 F$,液压缸的工作压力 $p = 5$ MPa,试求:

　　　(1) 液压缸的内径 D。

　　　(2) 若活塞最大进给速度 $v = 0.04$ m/s,系统的泄漏损失为 10%,应选用多大流量的泵?

（3）若泵的总效率 $\eta = 0.85$，电动机的驱动功率应为多大？

2-42 为什么说液压泵和液压马达原理上是可逆的，是不是所有的液压泵都可做液压马达使用，为什么？

2-43 液压马达与液压泵有何差异？

2-44 液压马达排量 $V = 250$ mL/r，入口压力 $p_1 = 10$ MPa，出口压力 $p_2 = 0.5$ MPa，其总效率 $\eta = 0.90$，容积效率 $\eta_V = 0.92$，当输入流量 $q = 25$ mL/r 时，试求：

（1）液压马达的输出转矩。

（2）液压马达的实际输出转速。

2-45 某一液压马达，要求输出 25.5 N·m 的转矩，转速为 30 r/min，马达的排量为 105 mL/r，马达的机械效率和容积效率均为 0.90，马达的出口压力为 2×10^5 Pa，试求液压马达所需的流量和压力。

2-46 油箱的功能有哪些，设计时应注意哪些问题？

2-47 蓄能器的结构类型有哪些，它们在性能上有何特点？

2-48 蓄能器有哪些功用，安装和使用蓄能器应注意哪些问题？

2-49 简述滤油器的作用，常见滤油器有哪些类型？

2-50 滤油器在油路中的安装位置有几种情况？

2-51 为什么要设置加热器和冷却器，液压系统的工作温度宜控制在什么范围？

液压基本回路识读

单元 1 识读方向控制回路

【工作任务】

识读方向控制回路。

在液压系统中,通过控制元件对执行元件液流的接通、切断或改变流向,使执行元件完成启动、停止及换向作用的回路,称方向控制回路。方向控制回路主要包括换向回路和锁紧回路。

【知识学习 1——换向回路】

A 换向回路的功用

换向回路用于控制液压系统中油流的方向,从而改变执行元件的运动方向。采用各种换向阀都可以使执行元件实现换向。在容积调速的闭式回路中,利用变量泵控制油流的方向来实现液压缸的换向。

B 换向回路的基本要求

在液压系统中,要求换向回路动作可靠,反应灵敏,运动平稳,具有恰当的换向精度。

C 换向回路的特点

手动控制换向回路操作方便、可靠,并可适当地控制换向阀口开度,能达到一定的节流效果,在工程机械中被广泛应用。电磁阀控制的换向回路反应迅速,可利用电器线路实现自动工作循环,适用于动作频繁自动化控制的场合。电液动控制的换向回路集电磁控制和液动控制于一体,符合大功率场合的自动控制要求,有可调整的缓冲机构,换向时间可调,换向平稳。采用双向变量泵的换向回路适用于压力较高、流量较大的场合。

【知识学习 2——锁紧回路】

A　锁紧回路的功用

锁紧回路是通过切断执行元件的进油、出油通道,从而使执行元件在任意位置停留,且不会在外力作用下移动位置。

B　锁紧回路的类型及特点

锁紧回路可以采用三位阀的中位机能实现,也可用液控单向阀实现锁紧。采用三位阀 O 型或 M 型中位机能的锁紧回路,结构简单,不需增加其他装置,但由于滑阀环形间隙泄漏较大,锁紧精度不高。一般用于要求不太高或只需短暂锁紧的场合。采用液控单向阀的锁紧回路,由于单向阀的密封性好,液压缸锁紧可靠,其锁紧精度主要取决于液压缸的泄漏。这种回路广泛应用于工程机械,起重运输机械等有较高锁紧要求的场合。

【任务解析——方向控制回路的识读】

A　采用换向阀的换向回路

图 3-1 所示利用弹簧力回程的单作用液压缸,采用二位三通换向阀使其换向。对于双作用液压缸的换向,采用二位四通(或五通)及三位四通(或五通)换向阀都可以实现换向。按不同用途还可选用各种不同控制方式的换向回路。

对于流量较大和换向平稳性要求较高的场合,电磁换向阀的换向回路已不能满足此要求,往往采用手动换向阀或机动换向阀作先导阀,而以液动换向阀为主阀的换向回路,或者采用电液动换向阀的换向回路。

图 3-2 所示为电液换向阀的换向回路。当 1DT 通电时,三位四通电磁换向阀左位工作,控制油路的压力油推动液动阀阀芯右移,液动阀左位工作,泵输出的流量经液动阀到液压缸左腔,推动活塞右移。当 1DT 断电,2DT 通电时,三位四通电磁阀换向,使液动阀也换向,液压缸右腔进油,推动活塞左移。

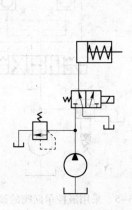

图 3-1　采用二位三通换向阀的换向回路

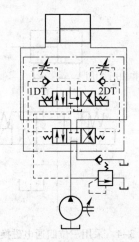

图 3-2　电液换向阀的换向回路

在液动换向阀的换向回路或电液动换向阀的换向回路中,控制油液除了用辅助泵供给外,在一般的系统中也可以把控制油路直接接入主油路。但是,当主阀采用 Y 型或 H 型中位机能时,必须在回路中设置背压阀,保证控制油液有一定的压力,以控制换向阀阀芯的移动。

B　采用双向变量泵的换向回路

如图 3-3 所示,在闭式回路中可用双向变量泵来实现液压缸或液压马达的换向。单杆液压缸 5 的活塞向右运动时,其进油流量大于排油流量,双向变量泵 1 吸油侧流量不足,可用辅助泵 2 补充;改变双向泵 1 的供油方向,活塞向左运动,其排油流量大于进油流量,泵 1 吸油侧多余的油液经二位二通液动换向阀 4 和溢流阀 6 排回油箱。溢流阀 6 和 8 既可使活塞向左运动或向右运动时泵吸油侧有一定的吸入压力,又可使活塞运动平稳。溢流阀 7 作安全阀用。

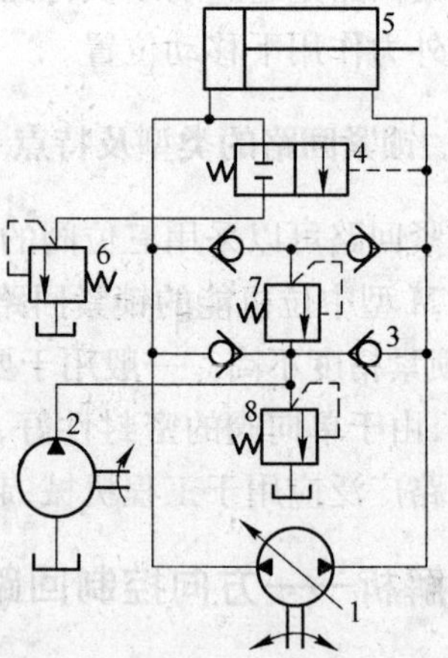

图 3-3　采用双向变量泵的换向回路

1—双向变量泵;2—辅助泵;3—单向阀;
4—二位二通液动换向阀;5—单杆
液压缸;6,7,8—溢流阀

C　采用 O 型或 M 型中位机能的锁紧回路

如图 3-4 所示,当阀芯处于中位时,液压缸的进、出口都被封闭,可以将活塞锁紧。

D　采用液控单向阀的锁紧回路

图 3-5 是采用液控单向阀(又称双向液压锁)的锁紧回路。在液压缸的进、回油路中都串接液控单向阀,当换向阀处于中位时(阀的中位机能为 H 型),两个液控单向阀均关闭,液压缸双向锁紧。

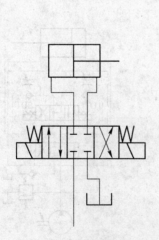

图 3-4　采用三位四通电磁换向阀 O 型
机能的换向锁紧回路

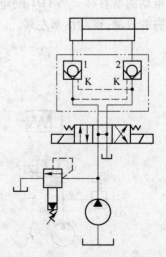

图 3-5　采用液控单向阀的锁紧回路

单元2　识读压力控制回路

【工作任务】

识读压力控制回路。

【知识学习——压力控制回路】

A　压力控制回路的功用和分类

压力控制回路是用压力阀来控制和调节液压系统主油路或某一支路的工作压力,以满足液压系统不同执行元件对工作压力的不同要求。

压力控制回路主要有调压回路、减压回路、增压回路、卸荷回路、保压回路与平衡回路等。

B　压力控制回路的原理和特点

a　调压回路

调压回路是用来调定或限制液压系统的最高工作压力,或使执行元件在工作过程的不同阶段实现多种不同的压力变换。调压回路一般由溢流阀来实现。在定量泵供油的液压系统中,溢流阀调定液压泵的供油压力,起溢流稳压的作用。在变量泵供油的液压系统中,溢流阀是限制系统的最高压力,防止系统过载。若系统中需要两种以上的压力,可采用多级调压回路。

b　减压回路

减压回路可以使系统某一支路具有低于系统压力调定值的稳定工作压力。最常见的减压回路是在所需低压的支路上串接定值减压阀。

采用减压回路虽能方便地获得某支路稳定的低压,但压力油经减压阀口时要产生压力损失。为使减压回路稳定工作,减压阀的最低调整压力应不小于 0.5 MPa,最高调整压力至少应比系统压力小 0.5 MPa。减压回路中也可以采用类似两级或多级调压的方法获得两级或多级减压。

c　增压回路

增压回路是用来使系统的某一支路获得比系统压力高但流量不大的油液供应。

增压回路的油液压力放大元件是增压器,其增压比取决于大小活塞的面积之比。利用增压回路,采用压力较低的液压泵,可以获得压力较高的液压油,节省能源,且系统工作可靠、噪声相对较小。

d　保压回路

保压回路能使液压执行机构在一定的行程位置上停止运动或在有微小位移的工况下稳定地维持压力。

保压的实质是泄漏的补偿。系统内各元件有间隙,会有泄漏,导致压力下降,必须采取措施补偿损失,这就是保压。保压性能的两个主要指标为保压时间和压力稳定性。

e　卸荷回路

卸荷回路是在执行元件短时间不工作时,不频繁启动动力源,使泵在很小的输出功率下运转的回路。卸荷的目的是减少功率损耗,降低液压系统发热,延长液压泵的使用寿命。

液压泵的输出功率为其流量和压力的乘积,因此液压泵的卸荷有流量卸荷和压力卸荷两种。前者主要是使用变量泵,使变量泵仅为补偿泄漏而以最小流量运转。此方法比较简单,但泵仍处在高压状态下运行,磨损比较严重。压力卸荷的方法是泵的出口直接接油箱,使泵在接近零压状态下运转。这种方法主要是利用三位换向阀的中位机能卸荷、溢流阀的远程控制口卸荷、顺序阀卸荷和变量泵卸荷。

f　平衡回路

平衡回路的功用在于使执行元件的回油路上保持一定的背压值,以平衡重力负载,使之不会因自重而自行下落,实现液压系统对机床设备动作的平稳、可靠控制。

常用的平衡回路有采用单向顺序阀的平衡回路和采用液控单向顺序阀的平衡回路。

【任务解析——压力控制回路】

A　调压回路

(1) 单级调压回路。如图 3-6(a)所示,通过液压泵 1 和溢流阀 2 的并联连接,即可组成单级调压回路。通过调节溢流阀的压力,可以改变泵的输出压力。当溢流阀的调定压力

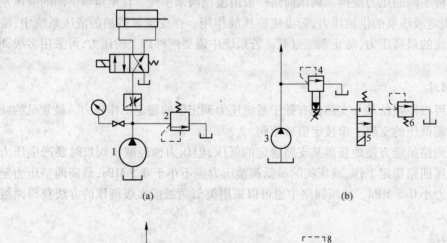

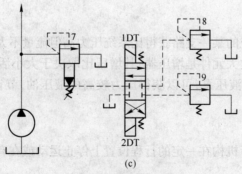

图 3-6　调压回路

1,3—液压泵;2,4,6,7,8,9—溢流阀;5—电磁阀

确定后,液压泵就在溢流阀的调定压力下工作,从而实现了对液压系统进行调压和稳压控制。

(2) 二级调压回路。图3-6(b)所示为二级调压回路,该回路可实现两种不同的系统压力控制——先导型溢流阀4和直动式溢流阀6各调一级。当二位二通电磁阀5处于图示位置时系统压力由阀4调定;当阀3得电后处于下位时,系统压力由阀6调定。阀6的调定压力一定要小于阀4的调定压力,否则不能实现。

(3) 多级调压回路。图3-6(c)所示为三级调压回路,三级压力分别由溢流阀7、8、9调定,当电磁铁1DT、2DT失电时,系统压力由主溢流阀1调定。当1DT得电时,系统压力由阀8调定。当2DT得电时,系统压力由阀9调定。

B 减压回路

图3-7(a)所示为减压回路,该回路中单向阀的作用是当主油路压力降低(低于减压阀调整压力)时,为防止油液倒流,起短时保压作用。

图3-7(b)所示为二级减压回路,在先导型减压阀1的远控口接一远控溢流阀2,则可由阀1、阀2各调得一种低压。但要注意,阀2的调定压力值一定低于阀1的调定减压值。

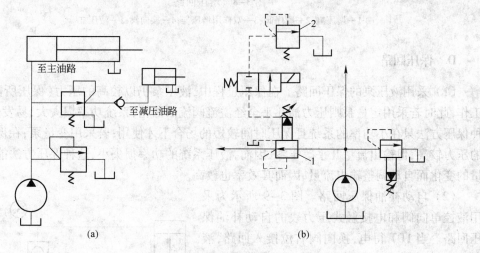

图3-7 减压回路
1—减压阀;2—溢流阀

C 增压回路

(1) 单作用增压器增压回路。图3-8(a)所示为利用增压液压缸的单作用增压回路,换向阀处于左位时,系统的供油压力进入增压缸1的大活塞腔,此时在小活塞腔即可得到所需的较高压力油;当二位四通电磁换向阀右位接入系统时,增压缸返回,辅助油箱中的油液经单向阀补入小活塞。工作缸a、b靠弹簧力返回。采用这种增压方式液压缸不能获得连续稳定的高压油源。

(2) 双作用增压器的增压回路。如图3-8(b)所示为采用双作用增压器的增压回路,它能连续输出高压油,适用于增压行程要求较长的场合。当液压缸5活塞左行遇到较大负载时,系统压力升高,油液经顺序阀2进入双作用增压器3,无论增压器是左行还是右行,均能输出高压油至液压缸 5 右腔,只要换向阀 4 不断切换,就能使增压器 3 不断地往复运动,使液压缸 5 活塞左行较长的行程连续输出高压油。液压缸 5 向右运动时增压回路不起作用。

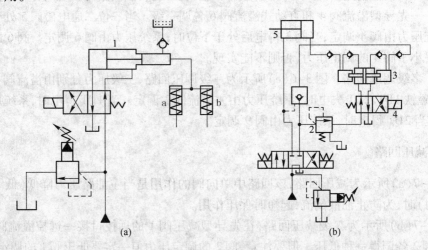

图 3-8　增压回路

1—增压缸;2—顺序阀;3—双作用增压器;4—换向阀;5—液压缸

D　保压回路

(1)采用液压泵的保压回路。在保压过程中,液压泵仍以较高的压力(保压所需压力)工作,此时若采用定量泵则压力油几乎全经溢流阀流回油箱,系统功率损失大,易发热,故这种保压方法只在小功率的系统且保压时间较短的场合下才使用;若采用变量泵,在保压时泵的压力较高,但输出流量几乎等于零,因而,液压系统的功率损失小,这种保压方法能随泄漏量的变化而自动调整输出流量,因而其效率也较高。

(2)自动补油保压回路。图 3-9 所示为采用液控单向阀和电接触式压力表的自动补油保压回路。当 1DT 得电,换向阀右位接入回路,液压缸上腔压力上升至电接触式压力表的上限值时,上触点接通,电磁铁 1DT 失电,液压泵卸荷,液压缸由液控单向阀保压。当液压缸上腔压力下降到预定下限值时,1DT 得电,液压泵向系统供油,使压力上升。该回路能自动地使液压缸补充压力油,适用于保压时间长、压力稳定性要求不高的场合。

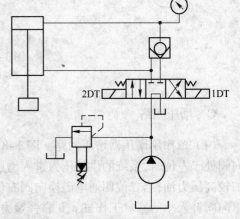

图 3-9　自动补油的保压回路

E　卸荷回路

(1)换向阀中位机能的卸荷回路。M、H 或 K 型中位机能的三位换向阀处于中位时,泵即卸荷,图 3-10 所示为采用 M 型中位机能的换向阀的卸荷回路。该回路简单,一般适用于流量较小的液压系统中。

（2）用先导型溢流阀的远程控制口卸荷。图 3-11 所示为先导型溢流阀的远程控制口通过二位二通电磁阀接通油箱,泵输出的油液以很低的压力经溢流阀回油箱。这种卸荷回路卸荷压力小,切换时冲击也小。

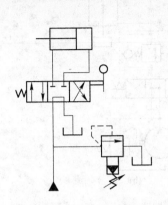 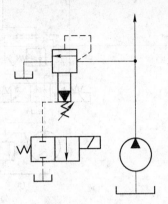

图 3-10 M 型中位机能卸荷回路　　　图 3-11 溢流阀远程控制口卸荷回路

（3）用顺序阀的卸荷回路。图 3-12 所示为采用顺序阀的卸荷回路,在液压缸需要大流量和高速工作时,两泵同时向回路供油,当液压缸运行至接触工件时,油压升高,顺序阀打开,低压大流量泵 1 卸荷,高压小流量泵 2 向系统供油。

（4）采用限压式变量泵的卸荷回路。图 3-13 所示为限压式变量泵的卸荷回路,液压缸 1 处于端部停止运动或换向阀处于中位时,泵 3 的排油压力升高到补偿装置动作所需的压力时,泵 3 的流量便减到接近于零,泵卸荷,泵的流量用于补偿系统的泄漏量。安全阀 4 是为了防止补偿装置失灵而设置的。

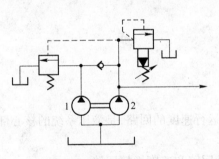 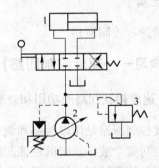

图 3-12 顺序阀卸荷回路　　　　　　图 3-13 限压式变量泵的卸荷回路
1—低压大流量泵;2—高压小流量泵　　1—液压缸;2—变量泵;3—安全阀

F 平衡回路

（1）采用顺序阀的平衡回路。图 3-14（a）所示为采用单向顺序阀的平衡回路,当左位电磁铁得电后活塞下行时,回油路上就存在着一定的背压;调整顺序阀的开启压力,使其与液压缸下腔面积乘积稍大于工作部件自重,活塞就可以平稳地下落。当换向阀处于中位时,活塞就停止运动,不再继续下移。这种回路当活塞向下快速运动时功率损失大,锁住时活塞和与之相连的工作部件会因单向顺序阀和换向阀的泄漏而缓慢下落,因此它只适用于工作部件重量不大、活塞锁住时定位要求不高的场合。

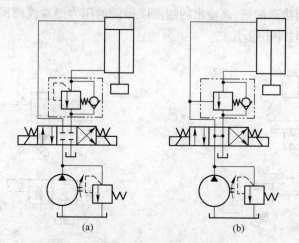

(a)　　　　　　　　　　　　　(b)

图 3-14　采用顺序阀的平衡回路

（2）采用远控平衡阀的平衡回路。图3-14(b)为采用远控平衡阀的平衡回路。这种远控平衡阀是一种特殊阀口结构的外控顺序阀,有很好的密封性,能起到对活塞长时间的锁闭定位作用,且阀口开口大小能自动适应不同载荷对背压压力的要求,保证活塞下降速度的稳定性不受载荷变化影响。这种远控平衡阀又称为限速锁。

单元 3　识读速度控制回路

【工作任务】

识读速度控制回路。

【知识学习——速度控制回路】

A　速度控制回路的功用和分类

速度控制回路是用以控制和调节执行元件运行速度的回路,是液压系统的核心部分,其工作性能对整个液压系统的性能起决定性作用。

常用的速度控制回路有调速回路、快速运动回路和速度换接回路。

B　速度控制回路的原理和特点

a　调速回路

在液压传动系统中,执行元件有液压缸和液压马达,要想调节液压缸的运动速度 v 或液压马达的转速 n_m,可通过改变输入流量 q 或液压马达的排量 V_m 来实现。改变输入流量 q,可通过采用流量阀或变量泵来实现;改变液压马达排量 V_m,可通过采用变量液压马达来实现。常用的调速回路有节流调速回路和容积调速回路。节流调速回路是由定量泵供油,用流量阀调节进入或流出执行机构的流量来实现调速;容积调速回路是用调节变量泵或变量马达的排量来调速。

（a）节流调速回路

节流调速回路是通过调节流量阀的通流截面积大小来改变进入执行机构的流量,从而实现运动速度的调节。

节流调速回路根据流量控制阀的位置,分为进油节流、回油节流和旁油路节流调速回路三种。回路中的流量控制阀可以采用节流阀或调速阀。

（1）进油节流调速回路。节流阀或调速阀串联在液压泵和液压缸之间,调节进入液压缸的流量,达到调节液压缸运动速度的目的。

进油路节流调速回路有如下特点:

1）调速范围较大,但运动速度稳定性差。

2）可以获得较大的推力。

3）系统效率低,传递功率小。

进油路节流调速回路适用于负载变化不大、对速度稳定性要求不高的小功率液压系统。

（2）回油节流调速回路。节流阀或调速阀串联在液压缸的回油路上,调节液压缸的排油量,达到调节液压缸运动速度的目的。

回油路与进油路节流调速相比较,具有如下特点:

1）能承受负值负载。

2）运动平稳性好。

3）油液发热对回路的影响小。

4）存在启动冲击。

进油路、回油路节流调速回路结构简单,价格低廉,但效率较低,只宜用于负载变化不大、低速、小功率场合,如某些机床的进给系统。为了提高回路的综合性能,一般常采用进油路节流阀调速,并在回油路上加背压阀,使其兼具二者的优点。

（3）旁油路节流调速回路。将节流阀或调速阀装在与液压缸并联的支路上,节流阀或调速阀调节了液压泵溢回油箱的流量,从而控制了进入液压缸的流量,达到调节液压缸运动速度的目的。

旁油路节流调速回路具有以下特点:

1）速度稳定性差,但重载高速时速度刚度较高。

2）最大承载能力随节流阀通流面积的增大而减小。

3）功率损失较小,系统效率较高。

由于只有流量损失而无压力损失,所以回路效率较高,系统的功率可以比前两种稍大。

（b）容积调速回路

容积调速回路是通过改变回路中液压泵或液压马达的排量来实现调速的。在容积调速回路中,液压泵输出的压力油直接进入液压缸或液压马达,系统无溢流损失和节流损失,且供油压力随负载的变化而变化。因此,容积调速回路效率高、功率损失小、发热小,适用于工程、矿山、农业机械及大型机床等大功率液压系统中。

容积调速回路按液压泵和液压马达组合的不同可分为变量泵－定量执行元件回路、定量泵－变量执行元件回路、变量泵－变量执行元件回路三种。

b　快速运动回路

快速运动回路是使执行元件获得尽可能大的工作速度,以提高生产效率并充分利用功率。一般采用差动缸、双泵供油和蓄能器来实现。

　　双泵供油快速运动回路功率利用合理、效率高,缺点是油路系统复杂、成本高。它常用在较大的组合机床、注塑机等设备的液压系统中。

　　c　速度换接回路

　　速度换接回路用于实现执行元件运动速度的切换。由于要切换速度的不同,有快速 – 慢速、慢速 – 慢速两种。速度换接回路不允许在速度变换的过程中有前冲现象。

【任务解析——速度控制回路】

A　节流调速回路

　　图 3–15 所示为进油节流调速回路。节流阀调节进入液压缸的流量,定量泵多余的油液通过溢流阀回油箱。泵的出口压力 p_b 即为溢流阀的调整压力 p_s,并基本保持定值。

　　图 3–16 所示为回油节流调速回路。节流阀控制液压缸的排油量,也就调节了液压缸的进油量,达到调速的目的。定量泵多余的油液通过溢流阀回油箱,泵的出口压力即为溢流阀的调整压力,并基本保持定值。

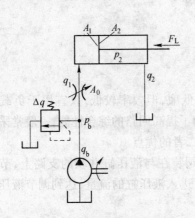

图 3–15　进油节流调速回路

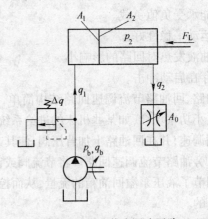

图 3–16　回油节流调速回路

　　图 3–17 所示为旁油路节流调速回路。节流阀调节液压泵溢回油箱的流量,从而控制进入液压缸的流量,达到调速的目的,此时溢流阀用做安全阀,常态时关闭。泵的出口压力随负载的变化而变化。

B　容积调速回路

　　图 3–18(a)、(b)所示为变量泵 – 定量执行元件容积调速回路,调节泵的流量即可调节执行元件的运动速度。图 3–18(b)所示的闭式回路工作时,主溢流阀 3 关闭当做安全阀用。4 为补油辅助泵。阀 5 是低压溢流阀,其压力调得很低,调节补油泵压力,并将多余的油液溢回油箱。

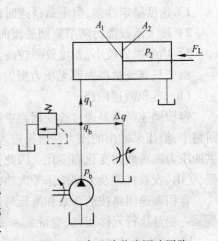

图 3–17　旁油路节流调速回路

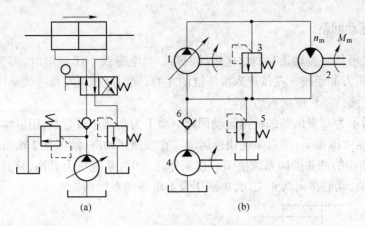

图 3-18　变量泵 – 定量马达组成的调速回路
1—变量泵;2—定量马达;3—安全阀;4—补油泵;5—溢流阀;6—单向阀

变量泵 – 定量马达所组成的容积调速回路中,液压马达(液压缸)能输出的转矩(推力)不变,故这种调速方法称为恒转矩(推力)调速。液压马达(液压缸)的输出功率等于变量泵的输入功率。该调速回路可正反向实现无级调速,调速范围较大。它适用于调速范围较大,要求恒转矩输出的场合,如大型机床的主运动或进给系统。

图 3-19 所示为定量泵 – 变量马达容积调速回路,改变变量马达 2 的排量,就可以改变马达的运动速度,实现无级调速。但变量马达的排量不能调得太小,若排量过小,使输出转矩太小而不能带动负载,并且排量很小时转速很高,液压马达换向容易发生事故。故该回路调速范围较小(一般为 3 ~ 4),这个缺点限制了这种调速回路的广泛使用。

图 3-20 所示为变量泵 – 变量执行元件容积调速回路,图中双向变量泵 1 既可改变流量大小,又可改变供油方向,用以实现液压马达的调速和换向。2 为双向变量马达,4 是补油泵,单向阀 6 和 8 用以实现双向补油,单向阀 7 和 9 使安全阀 3 能在两个方向上起安全保护作用。这种回路实际上是上述变量泵 – 定量执行元件容积调速回路和定量泵 – 变量执行元件容积调速回路两种回路的组合。由于液压泵和马达的排量都可改变,这就扩大了调速范围,也扩大了对马达转矩和功率输出特性的选择,即工作部件对转矩和功率的要求可通过对二者排量的适当调节来达到。

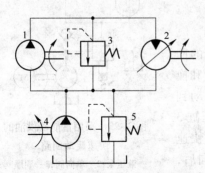

图 3-19　定量泵 – 变量马达调速回路
1—主泵;2—变量马达;3—安全阀;
4—辅助泵;5—溢流阀

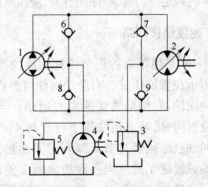

图 3-20　变量泵 – 变量马达调速回路
1—双向变量泵;2—双向变量马达;3—安全阀;
4—补油泵;5—溢流阀;6 ~ 9—单向阀

C　快速运动回路

图 3-21 是液压缸差动连接的快速运动回路。当电磁铁 1DT 通电时,阀 3 左位工作,液压泵 1 输出的压力油经阀 3 左位进入液压缸的左腔,同时经阀 4 左位进入液压缸的右腔,实现了差动连接,使活塞快速向右运动。

图 3-22 所示为双泵供油的快速运动回路。泵 1 为高压小流量泵,用以实现工作进给运动。泵 2 为低压大流量泵,用以实现快速运动。在快速运动时,液压泵 2 输出的油经单向阀 4 和液压泵 1 输出的油共同向系统供油。在工作进给时,系统压力升高,打开液控顺序阀 3 使液压泵 2 卸荷,此时单向阀 4 关闭,由液压泵 1 单独向系统供油。

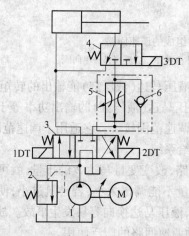

图 3-21　液压缸差动连接的快速运动回路
1—液压泵;2—溢流阀;3—三位四通换向阀;
4—二位三通换向阀;5—调速阀;6—单向阀

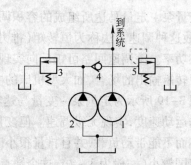

图 3-22　双泵供油回路
1—高压小流量泵;2—低压大流量泵;3—液控
顺序阀;4—单向阀;5—溢流阀

图 3-23 所示为采用蓄能器供油的快速运动回路。当系统短期需大流量时,液压泵 1 和蓄能器 4 同时向液压缸供油,加快液压缸的运行速度。当换向阀 5 处于中位时,液压泵经单向阀 2 向蓄能器 4 充油,蓄能器的压力升高到顺序阀 3 的调定压力时,顺序阀打开,液压泵卸荷。

D　速度换接回路

图 3-24 是用单向行程节流阀切换快速和慢速的回路。在图示位置液压缸 3 右腔的回油可经行程阀 4 和换向阀 2 流回油箱,使活塞快速向右运动。当快速运动到达所需位置时,活塞上挡块压下行程阀 4,这时液压缸 3 右腔的回油就必须经过节流阀 6 流回油箱,活塞的快速运动转换成慢速工进。当操纵换向阀 2 使活塞换向后,压力油可经换向阀 2 和单向阀 5 进入液压缸 3 右腔,使活塞快速退回。

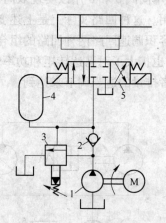

图 3-23　采用蓄能器供油的
快速运动回路
1—液压泵;2—单向阀;3—顺序阀;
4—蓄能器;5—换向阀

这种回路切换时位置精度高,冲出量小,运动速度的变换比较平稳。但行程阀的安装位置受一定限制,有时管路连接稍复杂。行程阀用电磁换向阀来代替,电磁阀的安装位置不受限制,但其切换精度及速度变换的平稳性较差。在机床液压系统中应用较多。

　　图 3-25(a)是两个调速阀并联以实现两种工作进给速度切换的回路。液压泵输出的压力油经调速阀 3 和电磁阀 5 进入液压缸。当需要第二种工作进给速度时,电磁阀 5 通电,其右位接入回路,液压泵输出的压力油经调速阀 4 和电磁阀 5 进入液压缸。这种回路中两个调速阀的节流口可以单独调节,互不影响,但一个调速阀工作时,另一个调速阀中没有油液通过,它的减压阀则处于完全打开的位置,在速度切换开始的瞬间不能起减压作用,容易出现进给部件突然前冲的现象。这种回路一般用在速度预选的场合。

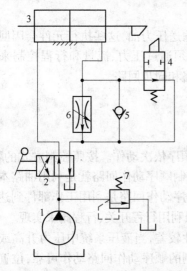

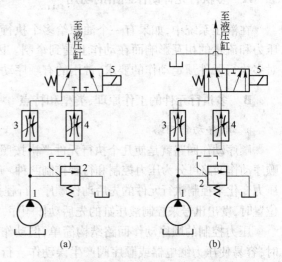

图 3-24　用行程节流阀的速度切换回路
1—液压泵;2—换向阀;3—液压缸;4—行程阀;
5—单向阀;6—调速阀;7—溢流阀

图 3-25　两个调速阀并联式速度切换回路
1—液压泵;2—溢流阀;3,4—调速阀;5—电磁阀

　　图 3-25(b)为另一种调速阀并联的速度切换回路。在这个回路中,两个调速阀始终处于工作状态,在由一种工作进给速度切换为另一种工作进给速度时,不会出现工作部件突然前冲现象,因而工作可靠。但是液压系统在工作中总有一定量的油液通过不起调速作用的那个调速阀流回油箱,造成能量损失,使系统发热。

　　图 3-26 是两个调速阀串联的速度切换回路。图中液压泵输出的压力油经调速阀 3 和电磁阀 5 进入液压缸,这时的流量由调速阀 3 控制。当需要第二种工作进给速度时,阀 5 通电,液压泵输出的压力油先经调速阀 3,再经调速阀 4 进入液压缸,这时的流量应由调速阀 4 控制。回路中调速阀 4 的节流口比调速阀 3 的小。这种回路换接平稳性较好。在调速阀 4 工作时,油液需经两个调速阀,故能量损失较大,系统发热也较大。

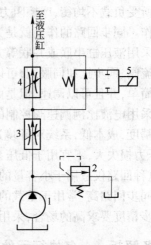

图 3-26　两个调速阀串联的
速度切换回路
1—液压泵;2—溢流阀;3,4—调速阀;
5—电磁阀

单元 4　识读多执行元件动作回路

【工作任务】

识读多执行元件动作回路。

【知识学习——多执行元件动作回路】

A　多执行元件动作回路的功用

在液压系统中,如果有一个油源给多个执行元件输送压力油,这些执行元件会因回路中压力和流量的相互影响而在动作上受到牵制。因此必须通过压力、流量和行程控制来实现对多执行元件预定动作的要求,常用的有顺序动作回路和同步回路。

B　多执行元件的工作原理、类型和特点

a　顺序动作回路

顺序动作回路就是使几个执行元件严格按照预定顺序依次动作。按照控制方式的不同,顺序动作回路可分为压力控制和行程控制两种。压力控制顺序动作回路就是利用油路本身的压力变化来控制执行元件的先后动作顺序。行程控制顺序动作回路是利用工作部件到达一定位置时,发出讯号来控制液压缸的先后动作顺序,它可以利用行程开关、行程阀来实现。

压力控制的顺序动作回路结构简单,但动作可靠性较差,当液压系统中压力升高或波动时,容易使压力继电器或顺序阀产生误动作。行程控制的顺序动作回路动作可靠,位置精度高,可以方便地变更执行元件的动作行程和动作顺序。

b　同步回路

同步回路是使两个或两个以上的液压缸,在运动中保持相同位移或相同速度。由于运动中所受负载不均衡,摩擦阻力不相等,泄漏量也不同以及制造上的误差等,液压缸不能同步动作。同步回路的作用就是为了克服这些影响,补偿它们在流量上所造成的变化。

采用液压缸串联或并联等方式组成回路,可以实现同步要求。采用电液比例调速阀、分流集流阀、同步缸和伺服阀,可以获得较高精度的同步回路。采用调速阀控制的同步回路,结构简单,并且可以调速,但是由于受到油温变化以及调速阀性能差异等影响,同步精度不高。采用电液比例调速阀控制的同步回路,同步精度较高,能满足大多数工作部件所要求的同步精度,成本低,系统对环境适应性强。采用分流集流阀的同步回路,使用方便,但效率低,压力损失大,不宜用于低压系统。采用同步缸的同步回路,由于同步缸一般不宜做得太大,这种回路仅适用于小容量的场合。同步液压马达的同步回路,同步精度比采用流量控制阀的同步回路高,常用于重载的同步系统,但专用的配流元件使系统复杂,制作成本高。对于同步精度要求高的场合,采用伺服阀的同步回路。

【任务解析——多执行元件动作回路】

A　顺序动作回路

图 3-27 是采用两个单向顺序阀控制的顺序动作回路。当电磁换向阀通电时,压

力油进入缸 1 左腔,右腔油液经阀 3 中的单向阀回油箱,此时由于压力较低,顺序阀 4 关闭,缸 1 活塞先动。当缸 1 活塞运动至终点时,油压升高,达到单向顺序阀 4 的调定压力时,顺序阀开启,压力油进入液压缸 2 左腔,右腔油液直接回油箱,缸 2 活塞向右移动。当缸 2 活塞右移到终点后,电磁换向阀断电,压力油进入缸 2 右腔,左腔油液经阀 4 中的单向阀回油箱,使缸 2 活塞向左返回,到达终点时,压力油升高打开顺序阀 3,使缸 1 活塞返回。

这种顺序动作回路中,顺序阀的调整压力应比先动作的液压缸的工作压力高 0.8 ~ 1.0 MPa,以免在系统压力波动时,发生误动作。也可以用压力继电器和电磁换向阀配合构成压力控制顺序动作回路。

图 3-28 是利用电气行程开关发出讯号来控制电磁阀换向的顺序动作回路。按启动按钮,电磁铁 1DT 得电,缸 1 活塞右行;挡铁触动行程开关 2XK,使 2DT 得电,缸 2 活塞右行;缸 2 活塞右行至行程终点,触动 3XK,使 1DT 失电,缸 1 活塞左行;而后触动 1XK,使 2DT 失电,缸 2 活塞左行。至此完成了缸 1、缸 2 的全部顺序动作的自动循环。采用电气行程开关控制的顺序回路,调整行程大小和改变动作顺序均很方便,且可利用电气互锁使动作顺序可靠。

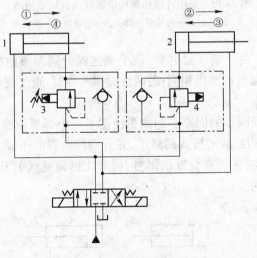

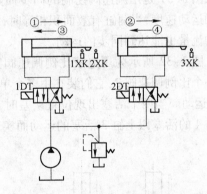

图 3-27　顺序阀控制的顺序回路　　　　　　　图 3-28　行程开关控制的顺序回路

1,2—液压缸;3,4—顺序阀

B　同步回路

图 3-29 是串联液压缸的同步回路。有效面积相等的两个液压缸串联,液压缸 1 排出的油液,进入液压缸 2 的进油腔,实现两缸同步。这种回路两缸能承受不同的负载,但泵的供油压力要大于两缸工作压力之和。

由于泄漏和制造误差,经多次行程后,串联液压缸的同步精度会受到影响,为此要采取补偿措施。图 3-30 是两个液压缸串联并带有补偿装置的同步回路。缸 1 有杆腔 A 的有效面积与缸 2 无杆腔 B 的有效面积相等。换向阀 6 处于右位,两缸活塞同时下行,若液压缸 1 的活塞先运动到底,触动行程开关 a,使电磁铁 3DT 得电,此时压力油便经过二位三通电磁阀 5、液控单向阀 3,向液压缸 2 的 B 腔补油,使缸 2 的活塞继续运动到底。如果液压缸 2 的活塞先运动到底,触动行程开关 b,使电磁铁 4DT 得电,此时压力油便经二位三通电磁阀 4 进入液控单向阀的控制油口,液控单向阀 3 反向导通,使缸 1 能通过液控单向阀 3 和二位三通电磁阀 5 回油,使缸 1 的活塞继续运动到底,对失调现象进行补偿。这种回路只适用于负载较小的液压系统。

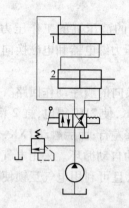

图 3-29　串联液压缸的同步回路

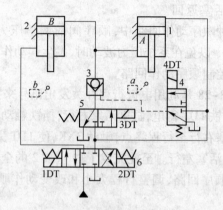

图 3-30　采用补偿措施的串联液压缸同步回路
1,2—液压缸;3—液控单向阀;4,5—电磁阀;6—换向阀

　　图 3-31 是用调速阀控制的同步回路。两个液压缸并联,两个调速阀分别调节两缸活塞的运动速度,当两缸有效面积相等时,流量也调整得相同;若两缸面积不等时,则改变调速阀的流量也能达到同步的运动。

　　图 3-32 所示为用电液比例调速阀实现同步的回路。回路中使用了一个普通调速阀 1 和一个比例调速阀 2,它们装在由多个单向阀组成的桥式回路中,并分别控制着液压缸 3 和 4 的运动。当两个活塞出现位置误差时,检测装置就会发出讯号,调节比例调速阀的开度,使缸 4 的活塞跟上缸 3 活塞的运动而实现同步。

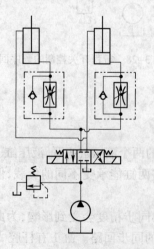

图 3-31　调速阀控制的同步回路

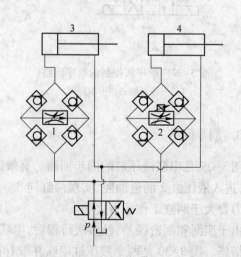

图 3-32　电液比例调速阀控制的同步回路
1—普通调速阀;2—比例调速阀;3,4—液压缸

　　图 3-33 为用分流集流阀的同步回路。采用分流阀 3 控制两液压缸的进入或流出的流量。分流阀具有良好的偏载承受能力,可使两液压缸承受不同负载时,能实现速度同步。单向节流阀 2 控制活塞的下降速度,液控单向阀 4 是防止活塞停止时的两缸负载不同而通过分流阀的内节流孔窜油。

　　图 3-34(a)所示为同步缸的同步回路。同步缸 1 的 A、B 两腔的有效面积相等,当两液压缸 2、3 的有效面积相等时,液压缸 2、3 可实现同步运动。同步缸在回路中仅起配流的作用。

　　图 3-34(b)所示为同步液压马达的同步回路。和同步缸一样,用两个同轴等排量双向液压马达 3 作配流环节,输出相同流量的油液也可实现两缸双向同步,节流阀 4 用于行程端点消除两缸位置误差。

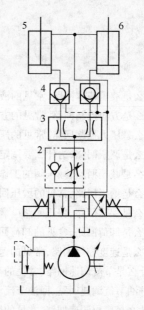

图 3-33　分流集流阀的同步回路

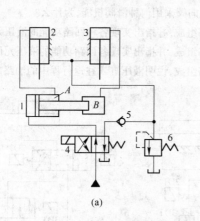

(a)

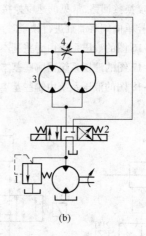

(b)

图 3-34　采用同步缸和同步马达的同步回路

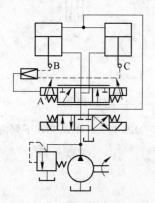

　　图 3-35 所示为采用伺服阀的同步回路,伺服阀 A 根据两个位移传感器 B、C 的反馈信号,不断地调整阀口开度,控制两个液压缸的输入或输出流量,使它们获得双向同步运动。

图 3-35　采用伺服阀的同步回路

复习思考题

3-1　什么是液压基本回路,常见的液压基本回路有哪几类,各起什么作用?

3-2　什么是方向控制回路,常见的方向控制回路有哪几种?

3-3　什么是压力控制回路,常见的压力控制回路有哪几种,各有什么特点?

3-4　什么是调压回路,为什么要调定液压系统的压力?

3-5　什么是减压回路,减压阀的工作压力应在什么范围内选取?

3-6　什么是增压回路,常见的增压回路有哪几种,各有什么特点?

3-7　什么是保压回路,保压回路应满足哪些基本要求?

3-8　什么是卸荷回路,常见的卸荷回路有哪几种,各有什么特点?

3-9　什么是速度控制回路,常见的速度控制回路有哪几种?

3-10　什么是节流调速回路,常见的节流调速回路有哪几种,各有什么特点?

3-11　进油节流调速回路、回油节流调速回路和旁路节流调速回路各有什么异同点?

3-12　什么是容积调速回路,常见的容积调速回路有哪几种,各有什么特性?

3-13　容积调速回路与节流调速回路相比有什么特点?

3-14　什么是速度换接回路,常见的速度换接回路有哪几种?

3-15　采用双液控单向阀对油缸进行锁紧时,其换向阀采用何种滑阀机能,为什么?

3-16　说明题3-16图的液压系统由哪些基本回路组成,并指出实现各种回路功能的液压元件名称。

3-17　说明题3-17图的液压系统由哪些基本回路组成,并指出实现各回路功能的液压元件的名称。

3-18　指出题3-18图的液压系统由哪些基本回路组成,说明液压缸 A 往返行程中的油路走向。

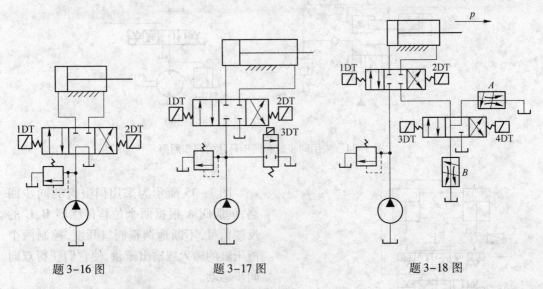

题3-16图　　　　　　　题3-17图　　　　　　　题3-18图

3-19　在题3-19图所示回路中,顺序阀和溢流阀的调定压力分别为 3.0 MPa 与 5.0 MPa,问在下列情况下,A、B 两处的压力各等于多少?

（1）液压缸运动时,负载压力为 4.0 MPa。

（2）液压缸运动时,负载压力为 1.0 MPa。

（3）活塞碰到缸盖时。

3-20 题 3-20 图所示回路能否实现"缸 1 先夹紧工件后,缸 2 再移动"的要求,为什么? 夹紧缸的速度能调节否,为什么?

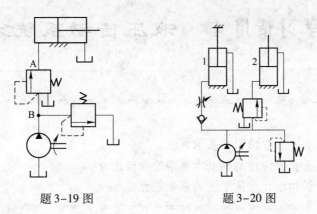

题 3-19 图   题 3-20 图

3-21 图 3-5 所示的锁紧回路中,为什么要求换向阀的中位机能为 H 型或 Y 型? 若采用 M 型,会出现什么问题?

3-22 为什么图 3-26 所示的两个调速阀串联实现两次进给速度换接的回路中,前一个调速阀的开口面积必须大于后一个调速阀的开口面积? 如要求该回路在不增加调速阀的条件下实现三种进给速度换接,回路应做什么改进?

学习情境 4　液压传动系统分析

学习目标

（1）掌握阅读液压系统图的基本方法。

（2）理解液压元件的功用和基本回路的合理组合。

（3）具备分析和设计液压系统的基础能力。

为了使液压设备实现一种或多种特定的动作循环或工作,将各条不同功能的液压回路拼接、汇合起来,成为一个网络,这就是液压系统。简单的液压系统可以只包含一条回路。复杂的液压系统可以由多条回路组成,它可以包含多个液压源、执行系统以及控制调节装置。

任何一个液压传动系统的来历和背景都须从其主机的工作特点、动作循环和需求中去找。分析液压系统,主要是读液压系统图。在液压系统原理图中,各元件及它们之间的连接与控制方式均用国标规定的图形符号绘出。分析液压系统的方法和步骤是:

（1）了解机械设备工况对液压系统的要求,了解在工作循环中的各个工步对力、速度和方向这三个参数的质与量的要求。

（2）初读液压系统图,了解系统中包含哪些元件,并以执行元件为中心将系统分解为若干个工作单元。

（3）先单独分析每一个子系统,了解其执行元件与相应的阀、泵之间的关系和那些基本回路。参照电磁铁动作表和执行元件的动作要求,理解其液流路线。

（4）根据系统对各元件间的互锁、同步、防干扰等要求,分析各子系统之间的联系以及如何实现这些要求。

（5）在全面读懂液压系统原理图的基础上,根据系统使用的基本回路的性能,对系统做综合分析,归纳总结整个液压系统的特点,以加深对液压系统的理解。

液压传动系统种类繁多,它的应用涉及机械制造、轻工、纺织、工程机械、船舶、航空和航天等各个领域。冶金工业中使用的液压传动系统也很多,本学习情景主要介绍冶金机械中常用的液压系统。

单元 1　高炉炉顶加料装置液压系统分析

【工作任务】

阅读和分析高炉炉顶加料装置液压系统。

【任务解析——高炉炉顶加料装置液压系统】

A 主机功能结构

高炉是生产生铁的大型冶炼设备。精选出来的矿石和焦炭等物料在高炉内加热熔炼后生产出铁水,同时产生出可燃煤气。现代高炉容积高达数千立方米,每昼夜生铁产量可达万吨。高炉在一个钢铁联合企业中不仅要为炼铁以后的各道工序(如炼钢、轧钢等)提供原料,而且还要提供煤气作为能源。因此,在高炉点火投产后各种设备都应长期保持连续、正常运行。高炉在冶炼过程中,需要定期从炉顶加入矿石和焦炭等物料。由于高炉顶部贮存有一定压力(0.07～0.25 MPa)的可燃煤气,在加料过程中不允许炉顶气体与大气相通,因此通常在高炉炉顶加有两道钟状加料门(称为大钟和小钟)以及相应的各种阀门。大钟、小钟和阀门采用液压传动后可以大大减轻设备重量,使其动作平稳,减少冲击,适宜频繁操作。

图4-1所示为一种双钟四阀(闸阀、密封阀各4个)型高炉炉顶加料装置的原理图。高炉在生产过程中大钟1及小钟2通常是关闭的,大、小钟之间形成一个与高炉顶部3及大气都不相通的隔离空间4。加料斗5中的矿石、焦炭等物料经闸阀6和密封阀7由布料器8散布在小钟上。加料时小钟下落开启,物料落到大钟上,小钟向大钟落料数次后关闭,然后大钟下降开启将物料加入高炉内。小钟下降开启前应使隔离空间4与大气相通以便小钟上、下压力平衡便于开启;而在大钟下降开启前应使隔离空间4与高炉顶部相通以使大钟上、下压力平衡便于开启。用压力平衡阀可以完成上述压力平衡功能。图4-1中的9、10、11和12分别为驱动大钟、小钟、闸阀和密封阀的液压缸,13为平衡重。压力平衡阀有时也可用液压传动。

B 液压系统分析

图4-2为高炉炉顶加料装置液压系统图。大、小钟的自重都很大,大钟连同其拉杆等运动部件,重量可达百余吨。为了简化传动系统及减小液压缸尺寸,系统采用了单缸加平衡重的传动方式。图中1为驱动大钟的液压缸,2为驱动小钟的液压缸。由于高炉炉顶加料装置液压系统应该高度可靠,因此大、小钟共有4套油路结构完全相同的阀控单元。3、4是大钟常用的两套阀控单元,5是小钟常用的一套阀控单元,6是大、小钟共同备用的一套阀控单元。上述各阀控单元中任一套发生故障或处于检修时,都可用相应的手动截止阀将备用的阀控单元投入回路中工作。大、小钟还分别装有油路结构相同的手动阀控单元,如图中7、8所示,作为停电时应急操作使用。9是驱动密封阀的液压缸,它有三套油路结构完全相同的阀控单元11、12和13,其中两

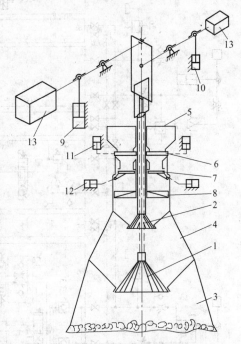

图4-1 钢坯提升机称重装置示意图
1—大钟;2—小钟;3—高炉炉顶;4—隔离空间;
5—加料斗;6—闸阀;7—密封阀;8—布料器;
9～12—液压缸;13—平衡重

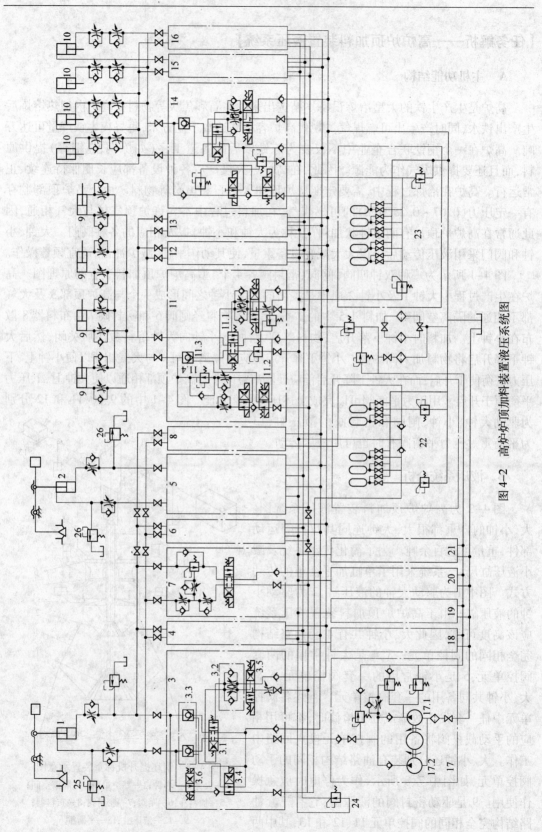

图 4-2　高炉炉顶加料装置液压系统图

套同时工作一套备用。10 是驱动闸阀的液压缸,它也有三套油路结构完全相同的阀控单元 14、15 和 16,其中两套同时工作一套备用。17、18、19、20 和 21 是相同的五套液压动力单元,其中一套备用。蓄能器单元 22、23 分别作为大、小钟和密封阀、闸阀的停电应急能源。

该系统的主要特点如下:

(1) 在每一个液压动力单元中,有一台低压大流量液压泵 17.1 和一台高压小流量液压泵 17.2,以保证液压缸重载时慢速运行,轻载时快速运行。

(2) 在液压油路结构完全相同的大、小钟阀控单元中,主换向阀 3.1 是液控型的,为使换向平稳,其换向速度用单向节流阀组 3.2 调定。为了保持大、小钟处于停止位置时不因载荷变化而移动,装有一组液控单向阀 3.3。在大、小钟阀控单元的油路中采用了停电保护措施。系统在正常工作时,大、小钟的开、闭均首先由液压动力源和蓄能器同时供油,这时换向阀 3.4 得电,而换向阀 3.6 与主换向阀 3.1 处于相同的换向位置,即 3.6 和 3.1 均往同一管道中供油。液压缸运动到一定位置后,行程开关动作使先导换向阀 3.5 失电,动力源来油被阀 3.1 切断,改由蓄能器单元 22 经阀 3.4、阀 3.6 供油,液压缸慢速运动到位。以上为正常工作状态,当大、小钟在运动过程中突然停电时,阀 3.1 虽然处于断路,但由于换向阀 3.6 的双稳态功能,尚可使蓄能器继续供油,以保证大、小钟仍可慢速运动到原设定的位置。

(3) 停电后,可利用蓄能器单元 22 的备用能量,分别通过手动阀控单元 7、8 对大、小钟进行应急操作。

(4) 密封阀液压缸 9 的工作压力低于主油路的压力,因此在相应的油路上装有减压阀 24、11.2 和 23.1。密封阀的阀控单元 11、12 和 13 的油路结构也具有与大、小钟阀控单元相同的停电保护措施。液控单向阀 11.3 用以防止密封阀因自重而开启。减压阀 11.4 用以防止密封阀关闭时受力过大。

(5) 闸阀的阀控单元 14、15 和 16 的油路结构相同,其停电保护措施能保证停电时使闸阀的关闭动作继续完成。

(6) 驱动大钟、小钟、密封阀和闸阀的液压缸油路上都设有两组单向节流阀,用以调节开、闭的速度。

(7) 大、小钟液压缸的两侧油路上都装有安全阀 25、26。特别是当大、小钟之间隔离空间中的可燃气体发生偶然性爆炸而使大钟上表面出现超载情况时,安全阀的保护作用就更为重要。

单元 2　高炉泥炮液压系统分析

【工作任务】

阅读和分析高炉泥炮液压系统。

【任务解析——高炉泥炮液压系统】

A　主机功能结构

泥炮是用来堵塞高炉出铁口的专用设备。液压泥炮的结构原理如图 4-3 所示。打泥油缸 4 直接推动泥缸,将泥料经吐泥口注入出铁口。压炮缸 3 推动移动吊挂小车,可使打泥油缸进入或离开工作位置。打泥口处在工作位置时,锚钩缸 1 使打泥口稳定在工作位置。摆动液压马达 2 可使整个泥炮转离工作位置。泥炮的动作都是由液压动力完成的。

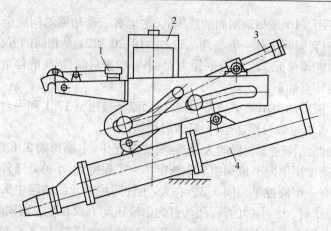

图 4-3　液压泥炮结构原理

1—锚钩缸；2—摆动液压马达；3—压炮缸；4—打泥油缸

B　液压系统分析

图 4-4 为泥炮的液压系统图。图中打泥液压缸 17 由系统直接供一次高压油，压炮缸 18、锚钩缸 19 和摆动液压马达 20 由减压后的二次压力供给。当进入打泥程序时一部分高压油进入压炮缸，用以使压炮缸提高平衡力。各执行机构分别由手动换向阀独立操作。为了使压炮缸负载下滑作用减小，在下滑侧油路上加单向节流回路。

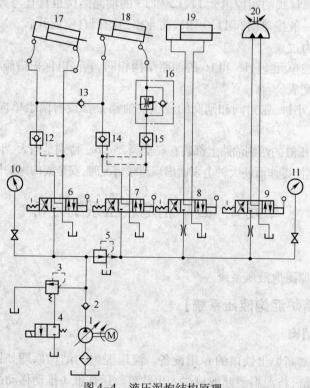

图 4-4　液压泥炮结构原理

1—液压泵；2，13—单向阀；3—溢流阀；4—二位二通阀；5—减压阀；6～9—三位四通换向阀；
10～11—电接点压力表；12，14，15—液控单向阀；16—单向调速阀；17～19—液压缸；20—摆动液压马达

单元 3　炼钢电弧炉液压系统分析

【工作任务】

阅读和分析炼钢电弧炉液压系统。

【任务解析】

A　主机功能结构

炼钢电弧炉是利用三相炭质电极与物料之间形成的高温电弧对金属材料进行熔化、冶炼的设备。图 4-5 为炼钢电弧炉结构示意图。炉体 1 是一个有耐火材料内衬的容器,炉体前有炉门 4,炉体后有出钢槽 5。炼钢电弧炉以废钢为主要原料。加废钢等物料时必须先将炉盖 2 移开,从炉体上方加入物料,然后盖上炉盖,插入电极 12 进行熔炼。6 表示炉盖升降液压缸,7 为炉盖旋转液压缸。在熔炼过程中,可以从炉门加入铁合金等各种配料,8 为炉门升降液压缸。出渣时,炉体向炉门方向倾动约 12°,使钢水表面的炉渣从炉门溢出,流到炉体下的渣罐中。炉内熔炼的钢水其成分和温度达到合格标准后,打开出钢口,将炉体向出钢槽方向倾动约 45°,使钢水从出钢槽流入钢水包。图中 9 表示炉体倾动液压缸。电炉在熔炼过程中要保持电极与物料之间的电弧长度稳定,每一相电极各有一套独立的电液伺服控制装置 3,图中 10 为一相电极的伺服液压缸,11 为电极夹紧液压缸。

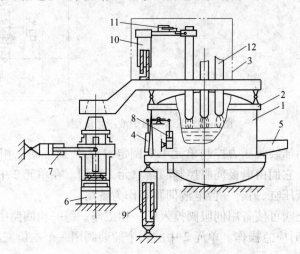

图 4-5　炼钢电弧炉结构示意图

1—炉体;2—炉盖;3—电液伺服控制装置;4—炉门;5—出钢槽;6—炉盖升降液压缸;7—炉盖旋转液压缸;
8—炉门升降液压缸;9—炉体倾动液压缸;10—伺服液压缸;11—电极夹紧液压缸;12—电极

B　液压系统分析

炼钢电弧炉的液压系统如图 4-6 所示。由于炼钢电弧炉对液压系统有抗燃性的要求,因此采用乳化液作为液压系统的介质。系统中的液压主回路采用插装阀,其先导控制级采用球形换向阀。在液压动力单元 1 中,选用两台径向柱塞式液压泵,其中一台备用。蓄能器为乳化液与空气直接接触式,用空气压缩机向蓄能器定期充气。

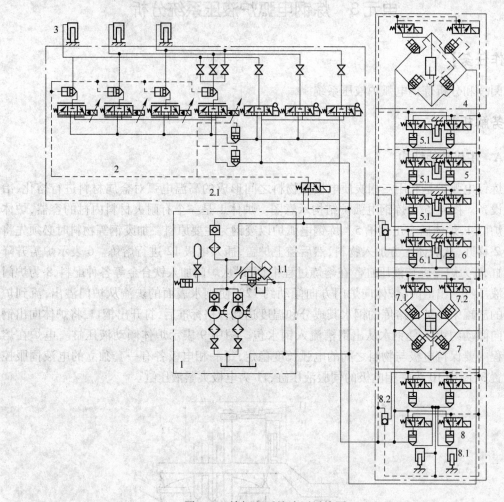

图 4-6　炼钢电弧炉液压系统图

系统工作压力由插装阀压力控制单元 1.1 调定,3 为分别带动三相电动机升降的三个柱塞式伺服液压缸。它们由电极伺服控制回路单元 2 控制。在单元 2 中有三台电液伺服阀分别控制三个伺服液压缸,另有一台电液伺服阀作为备用。

操作相应的截止阀可使备用伺服阀投入任一相工作。每一相回路中分别并联有手动换向阀,以便出现故障时应急操作。单元 2 中的六个插装阀用一个二位三通阀 2.1 控制,以便完成回路的开、关。

炉盖旋转回路单元 7 是用四个具有开关功能插装阀组成的全桥回路。用回路单元 7 对炉盖旋转液压缸进行往复操作。用两个先导球阀 7.1 和 7.2 分别对桥路对应边的两个插装阀进行开、关控制,以便完成液压缸的往复动作。

炉门升降回路单元 4 的液压缸也是双作用的,其工作情况与回路单元 7 相同。

在炉体倾动回路单元 8 中,炉体倾动是由两个机械同步的柱塞液压缸 8.1 完成的。液压缸靠液压顶开,自重回程。用四个开、关插装阀(从流量通过能力和提高安全性考虑,采用每两个插装阀相并联)控制炉体倾倒及回位。为使炉体停位可靠,即要求插装阀能可靠地关闭,先导球阀前装有梭阀8.2。一旦发生压力源中断时,炉体自重在柱塞缸中所产生的压力,通过梭阀也能使插装阀及时关闭。

炉盖升降回路单元6的工作情况与单元8相同,液压缸6.1也是柱塞液压缸。

电极夹紧回路单元5中有三个电极夹紧柱塞液压缸5.1,它们靠弹簧力夹紧,液压力开。每一相夹紧液压缸分别用两个具有开、关功能的插装阀进行控制。

图4-7为炼钢电弧炉电极伺服控制系统工作原理图。图中只表示了其中一相电极的工作情况。在炭质电极1与炉体内物料2之间形成弧长为H的电弧,其变化量可由伺服液压缸3的位移x_p进行控制。柱塞缸3由电液伺服阀4控制。

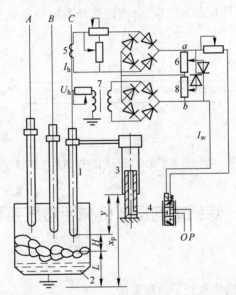

图4-7 炼钢电弧炉电极伺服控制系统原理图

1—炭质电极;2—物料;3—伺服液压缸;4—电液伺服阀;

5—电流互感器;6,8—平衡电阻;7—电压互感器

电弧炉工作时其弧长值可用弧电流I_h和弧压降U_h来反映。弧电流信号经电流互感器5及桥式整流电路后加到平衡电阻6上;弧电压信号由电压互感器7取出经桥式整流电路后加到平衡电阻8上。

当弧长为给定值时,平衡电限两端a、b无电位差,因此,输入电液伺服阀的电流I_{sy}为零,伺服阀处于中位,柱塞缸及其所带动的电极不发生移动。

当电弧长度大于给定值时,弧电流减小而弧压降升高,平衡电阻上b点电位高于a点电位,伺服阀得到反向电流$-I_{sv}$,因而使液压缸连同电极一起下降,直到电弧长度回减到给定值为止。

当电弧长度小于给定值时,过程反向进行直到弧长回增到给定值为止。

炼钢电弧炉在整个熔炼过程中物料由固态变为液态,在固态时物料表面参差不齐,电极下物料表面标高用L表示。物料塌陷会使电弧突然拉长,可能造成断弧现象;电极周围物料崩落埋住电极,可能造成短路现象。因此,电极液压伺服系统必须能快速反应以避免上述两种现象发生。

电弧炉在精炼期物料已变成液态,有时对钢水进行搅拌也会使液面波动。此外,电极在燃烧过程中也要不断烧蚀,其烧蚀量以 y 表示。可见,当电弧炉工作时,弧长 H 给定后,标高 L 的变化和烧蚀量 y 的变化都会使实际的弧长发生变化。如果液压缸行程 x_p 对这些变化的补偿有足够的响应速度和精度,那么电弧的实际长度就能保持不变,从而满足炼钢工艺的要求。

图 4-8 为炼钢电弧炉电极液压伺服控制系统的方框图。当电控器中弧电流和弧压降信号的放大倍数调定后,给定的弧长值 H_0 也就确定了。当实际弧长 H 与给定弧长 H_0 出现偏差 ΔH 后,电控器平衡电阻的两端 ab 就有电流 I_{sv} 输入电流伺服阀。电液伺服阀控制流到液压缸的流量使之产生位移 x_p。标高 L 和烧蚀量 y 是作为实际弧长的干扰量而加入系统的。在图 4-8 中所示的闭环控制系统中,合理地选择系统的有关参数,就能满足系统动、静态特性的要求。

图 4-8　炼钢电弧炉电极液压伺服控制系统控制方框图

单元 4　炼钢炉前操作机械手液压系统分析

【工作任务】

阅读和分析炼钢炉前操作机械手液压系统。

【任务解析——炼钢炉前操作机械手液压系统】

在炼钢车间中,将炼好的钢水由钢水包浇注入钢锭模之前有一系列的炉前操作工作,如在放置钢锭模的底盘上要吹扫除尘、喷涂涂层,在底盘凹坑内充填废钢屑、放置铁垫板,还需在钢锭模内放置金属防溅筒,并将它们与垫板及底盘点焊在一起,这些操作均由机械手完成。

图 4-9 为炼钢炉前操作机械手工作原理图。其中图 4-9(a)为机械手工作原理图。机械手的腕部可以分别绕转腕轴 1 旋转(由液压缸 26 驱动)和绕转腕轴 2 摆动(由液压缸 25 驱动)。机械手掌 3 做成铲斗状,它不仅可以铲取钢屑,而且还可以利用上爪 4(由液压缸 23 驱动)和下爪 5(由液压缸 24 驱动)抓取铁垫和防溅筒等物体。

在机械手的掌上装有喷吹空气的喷嘴 6 和喷吹涂料的喷嘴 7。机械手的小臂 8 和大臂 9 分别由小臂液压缸 19 和大臂液压缸 18 驱动。大臂液压缸 18 由机液伺服阀 15 通过回馈杠杆进行闭环控制,小臂液压缸 19 由另一机液伺服阀(图中未表明)进行闭环控制。小臂和大臂的连杆机构可以保证在机械手处于任何姿态时,转腕轴都保持在水平位置,这将使操作简化。机械手转台 10 由转台液压缸 17 通过链轮 11 驱动。转台液压缸 17 由机液伺服阀通过操纵器上的凸轮 16 进行开环控制。

图 4-9(b)为操纵器工作原理图。它由小杆 12、大杆 13 和转杆 14 组成,它们分别控制机械手的小臂、大臂和转台。22 为小臂负载感受液压缸,它可将小臂负载的变化准确地反

映到小杆上,使操作者感受。21 和 20 分别为大臂负载感受液压缸和转台负载感受液压缸。

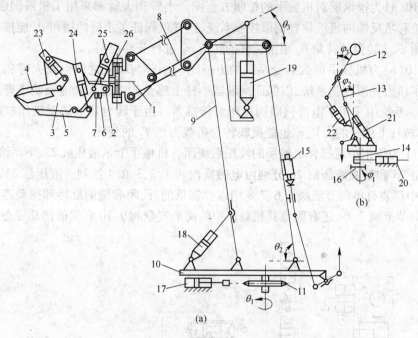

图 4-9　炼钢炉前操作机械手工作原理图

（a）机械手工作原理;（b）操纵器工作原理

1,2—转腕;3—机械手掌;4—上爪;5—下爪;6,7—喷嘴;8—小臂;9—大臂;10—转台;11—链轮;
12—小杆;13—大杆;14—转杆;15—机液伺服阀;16—凸轮;17～26—液压缸

图 4-10 为炼钢炉前操作机械手的控制方框图。

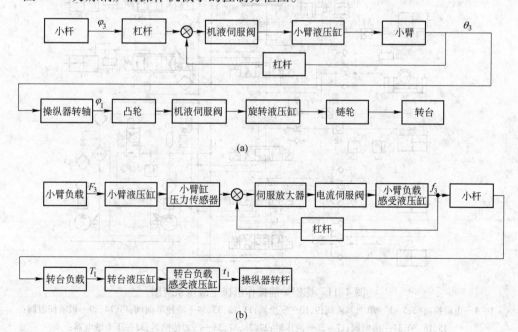

图 4-10　炼钢炉前操作机械手控制方框图

　　因大小臂控制系统的结构完全相同,故图 4-10 中只表示了小臂控制系统的方框图。其中图 4-10(a)为操纵器对机械手的控制方框图。小臂和大臂都采用了机液伺服阀,构成了杆杠式位移负反馈的机液位置伺服控制系统,这样就保证了小臂的摆角 θ_3 能按比例地跟踪小杆摆角 φ_3。转台的转角 θ_1 则由转杆的转角 φ_1 进行开环控制。

　　图 4-10(b)为机械手负载感受系统的方框图。小臂与小杆之间以及大臂和大杆之间都是采用了压力伺服控制系统,以保证操纵器小杆上感受的力能准确地反映小臂上负载力 F_3 的变化。系统中采用了电液伺服阀和压力传感器。由于转台负载感受液压缸和转台液压缸并联,转杆上感受的力矩 t_1 也能反映转台负载力矩 T_1 的变化。

　　图 4-11 为炼钢炉前操作机械手的液压系统图。机械手上爪液压缸 23、下爪液压缸 24、摆腕液压缸 25 和转腕液压缸 26 分别由电磁换向阀 1、2、3 和 4 控制。液压缸 23、24、25 和 26 的油路中都装有单向节流阀 5、6、7、8 用以控制爪的开、闭和腕的旋转和摆动速度。油路中除有单向节流阀 7 外,还有腕负载超载保护的两个安全阀 9、10 和腕的摆动姿态自锁的两

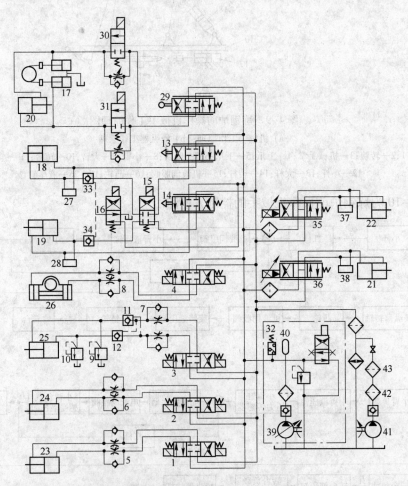

图 4-11　炼钢炉前操作机械手液压系统图

1~4—电磁换向阀;5~8—单向节流阀;9,10—安全阀;11,12,33,34—液控单向阀;13,14,29—机液伺服阀;
15,16,30,31—换向阀;17~26—液压缸;27,28,37,38—压力传感器;32—压力继电器;
35,36—电液伺服阀;39—恒压变量泵;40—蓄能器;41—循环泵;42,43—过滤器

个液控单向阀 11、12。小臂液压缸 19 和大臂液压缸 18 分别由机液伺服阀 14 和 13 进行闭环控制。换向阀 15 用来控制 19 和 18 油路的通断。换向阀 16 是由压力继电器 32 进行控制的,只有油源压力高于某特定值后大小臂才能工作。换向阀 16 和液控单向阀 33、34 组成闭锁油路,当系统发生故障使阀 16 失电后,大臂和小臂不致因载荷而下降以确保安全。压力传感器 27 和 28 分别感受小臂和大臂的负载作为负载感受系统的给定值。

转台双液压缸 17 由机液伺服阀 29 进行开环控制,油路具有双向过载保护功能,在换向阀 30、31 失电时油路具有双向节流功能以限制转台的运动速度。在操纵器的负载感受系统中,小杆负载感受液压缸 21 和大杆负载感受液压缸 22 分别由电液伺服阀 35 和 36 控制。37 和 38 为压力传感器,它是负载感受系统的检测反馈元件。转台负载感受液压缸 20 则与转台液压缸 17 的油路相并联,使负载力矩直接感受。

油源油路中有恒压变量泵 39、蓄能器 40 和压力继电器 32,并具有安全溢流和卸压功能。由于操作机械手是在高温、易燃环境中工作,采用抗燃磷酸酯作为液压工作介质。在循环泵 41 后的 42 为吸附过滤器,内装吸附剂用以降低磷酸酯在使用过程中的酸度,过滤器 43 用以阻留通过 42 的颗粒。

单元5　钢坯提升机称重装置液压系统分析

【工作任务】

阅读和分析钢坯提升机称重装置液压系统。

【任务解析——钢坯提升机称重装置液压系统】

A　主机功能结构

提升机称重装置是轧钢厂用于称量进入加热炉钢坯的重量,以便检查、分析钢坯在加热过程中的烧损情况,为精确计算成材率提供参考数据的装置。该装置采用将钢坯吊起后再称重的方案,以解决称重受氧化皮困扰的难题。如图 4-12 所示,称重装置主要由固定在定横梁 10 中的两个垂直升降液压缸 5 来推动导轨槽 9 中的动横梁 7,带动四个吊钩 3 提起钢坯 2,从而通过力传递,将钢坯 2 的重力传递给安装在液压缸 5 下面的压力应变电阻片 4 上,进而完成整个称重程序。移动滑台 8 和导轨槽 9 之间采用了组合滚轮轴承作为滑动副。

B　液压系统分析

图 4-13 所示为称重装置的液压系统原理图。系统的油源为单向变量液压泵 15,系统最高压力由溢流阀 13 设定。系统的执行器为立置液压缸 1 和 2,两液压缸可实现"快速上升→慢速上升→停止锁紧(称重)→慢速下降→快速下降"的工作循环,缸的运动方向由电磁换向阀 12 控制,两缸的快慢速控制和换接采用单向节流阀 7、9 及电磁换向阀 6、8 控制,两缸的同步控制由分流集流阀 5 完成,缸的锁紧由液控单向阀 3 和 4 控制,缸的自重平衡下降限速由平衡阀(单向顺序阀)10 控制。在钢坯所经行程上,设有光电信号开关 SQ$_1$ ~ SQ$_3$ (图中未画出)。

系统工作时,电磁铁 1YA 首先通电使换向阀 12 切换至右位,液压泵 15 的压力油经阀

12、平衡阀 10 中的单向阀、单向节流阀 9 中的单向阀、分流集流阀 5、液控单向阀 3 及 4 进入液压缸 1、2 的无杆腔,使两个缸的活塞杆同时伸出带动动横梁快速上升;缸 1、2 的有杆腔经换向阀 6 和阀 12 向油箱排油。当吊钩到达钢坯下方时,光电信号开关 SQ_1 发出信号,电磁铁 3YA 通电使换向阀 6 切换至左位。液压缸的进油与快速上升时相同,但回油经单向节流阀 7 中的节流阀,故液压缸转为慢速上升工况,上升速度由阀 7 中节流阀的开度决定。

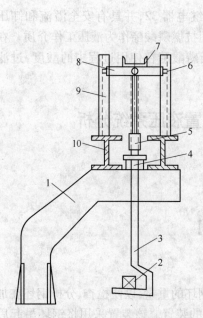

图 4-12　钢坯提升机称重装置示意图

1—支架;2—钢坯;3—拉钩;4—压力应变电阻片;

5—液压缸;6—组合滚轮轴承;7—动横梁;

8—移动滑台;9—导轨槽;10—固定横梁

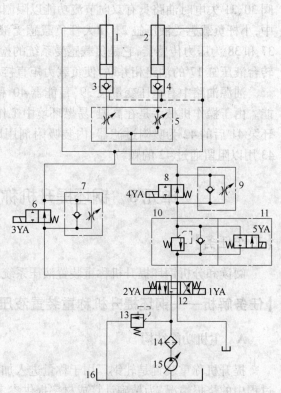

图 4-13　钢坯提升机称重装置液压系统原理图

1,2—液压缸;3,4—液控单向阀;5—分流集流阀;

6,8,11—二位二通电磁换向阀;7,9—单向节流阀;

10—平衡阀;12—三位四通电磁换向阀;13—溢流阀;

14—过滤器;15—变量液压泵;16—油箱

当钢坯到达轨道上方 100 mm 时,具有延时功能的光电转换开关 SQ_2 发出信号,电磁铁 2YA 通电。延时期内只有电磁铁 5YA 通电使换向阀 11 切换至右位,其余所有电磁阀均不通电,由于液控单向阀控制压力油经阀 12 的 Y 型中位机能排回油箱,故液控单向阀 3、4 关闭,锁紧液压缸,活塞杆停止下降,钢坯处于停止状态。称重设备在 SQ_2 延时期间完成称重、取值任务。

延时结束后电磁铁 2YA 通电使换向阀 12 切换至左位,同时 4YA 通电使换向阀 8 切换至左位,液压泵 15 的压力油经阀 12、单向节流阀 7 中的单向阀进入液压缸 1、2 的有杆腔,同时压力油反向导通液控单向阀 3、4,液压缸 1 及 2 的无杆腔经阀 3 及 4、单向节流阀 9 中的节流阀、平衡阀 10 中的顺序阀和阀 12 向油箱排油,完成慢速下降动作。当钢坯到达辊道后,SQ_1 发出信号,电磁铁 4YA 断电,活塞杆快速下降。到达底端后 SQ_3 发出信号,使各阀电磁铁断电,活塞杆停止下降,一次称重结束。

该液压系统的技术特点是:

(1)将钢坯吊起后再称重,可以解决传统称重设备由于钢坯表面的氧化皮受提升机振动的影响而脱落在压力应变电阻片(电子称重设备)上,影响称重精度,导致其不能正常使用的问题。该系统具有结构简单、维护方便、功率大、易于控制、造价低和符合生产实际等优点。采用多点提升升降平台,可有效解决平台升降不稳定的问题;采用 4 根间距不等的吊钩,可满足长度为 8 ~ 12 m 的钢坯称重的要求。

(2)液压缸的慢速采用节流阀回油节流调速方式,其背压有利于提高缸的运动平稳性;快慢速度换接通过光电开关和二位二通电磁换向阀控制,调整方便。

(3)系统采用液控单向阀对液压缸进行锁紧,可防止钢坯在上端停留时称重系统因自重而下落,以及保证钢坯在停留称重期间的稳定,不影响称重精度。主换向阀采用三位四通 Y 型中位机能换向阀,可保证液压缸锁紧时,液控单向阀控制腔压力油立即卸掉,锁紧精度高,从而提高了称重精度。

(4)起背压平衡作用的单向顺序阀,可以克服因钢坯自重的影响导致其在快下过程中钢坯超速下降、撞坏辊道的问题,保证了机构运行平稳、工作安全可靠。

与平衡阀并联的电磁阀,可以防止顺序阀在液控单向阀的控制腔设置高压,出现锁不紧现象。设置电磁换向阀,可以在液控单向阀关闭时打开,使得其控制腔及时泄压,以保证较高的锁紧精度。

(5)利用分流 – 集流阀对两液压缸进行同步控制,具有即使承受不同载荷,仍能保证缸的同步的特点,其同步精度可达 2% ~ 5%。

本液压系统可推广至其他称重装置及具有相近工况类型的机械中。

单元 6　板带热连轧机支撑辊拆装机液压系统分析

【工作任务】

阅读和分析板带热连轧机的支撑辊拆装机液压系统。

【任务解析——板带热连轧机的支撑辊拆装机液压系统】

A　主机功能结构

国内板带热连轧机的支撑辊多采用动压油膜轴承,价格昂贵,外形尺寸大,装配精度要求高,拆装工作量大,以 1450 热轧机为例,其月拆装量达 120 次以上。轧辊拆装机即为用于轧辊拆装的设备。采用这种专用设备,可以提高轧辊拆装的工作效率,缩短拆装作业时间,消除作业中的安全隐患。

轧辊拆装设备共两套,分别安装在支撑辊拆装台架的两侧,独立完成支撑辊两侧(传动侧和换辊侧)轴承座的拆装任务。每台设备有相同的独立液压系统和电气控制系统及操作系统,由两侧独立地操作。每套设备由三个执行机构组成:

(1)两个同步液压缸驱动的升降台升降机构,用于实现轴承座在铅垂面内的垂直升降运动,使轴承中心线和轧辊中心线处在同一水平面内。

（2）由低速大转矩径向柱塞马达驱动的小车纵移机构,用于实现轴承座在水平面内的直线运动,使轴承中心线和轧辊中心线处在同一铅垂面内。

（3）液压缸驱动的小车横移机构,用于实现轴承座在轧辊上的移出和装入动作。

B　液压系统分析

拆装机的液压系统原理图如图 4-14 所示。系统的油源为单向变量泵 3,系统最高压力由溢流阀 6 设定并通过压力表 8 观测,泵出口的单向阀 7 用于防止液压油倒灌,以保护液压泵。横移缸 19、升降缸 18（两个）和双向变量液压马达 20 三套执行器油路并联,其运动方向分别采用手动换向阀 12、13 和 14 进行控制,各执行器既可单独动作也可同时动作,但是为了安全起见,在操作规程中规定为单独动作,不允许联动。三套执行器的运行速度分别采用节流阀 9、10 和 11 进行调节和控制。

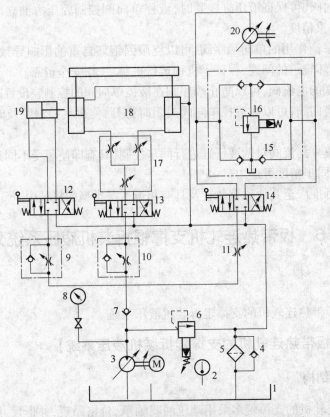

图 4-14　板带热连轧机支撑辊拆装机液压系统原理图

1—油箱;2—油温计;3—单向变量泵;4,7,15—单向阀;5—过滤器;6,16—溢流阀;8—压力表;9—节流阀;
10,11—单向节流阀;12 ~ 14—手动换向阀;17—同步阀;18—升降缸;19—横移缸;20—液压马达

为了保证两个升降缸的同步精度,在升降机构中采用自调式同步阀 17 和机械连接强制同步共同组成同步回路。为使马达迅速制动,采用由 4 个单向阀 15 和溢流安全阀 16 组成的桥式制动回路,其中阀 16 可防止当马达迅速制动时,因较大的惯性力在回路中产生高压而导致不良后果。

该液压系统的技术特点有：

（1）液压拆装机能够满足所有支撑辊及轴承座的主要性能参数变化所需要的拆装工艺要求；支撑辊拆装的速度高、强度低、操作简便，不易因安装和拆卸而致使轴承损坏，节约了资金，降低了成本。

（2）液压系统为变量泵供油的多执行器系统，手动换向；升降缸用同步阀和机械连接的方式进行同步控制；液压马达采用桥式制动回路。

该系统可推广至其他拆装维护机械中。拆装机的主要性能参数见表 4-1，液压系统主要元件的型号规格见表 4-2。

表 4-1　板带热连轧机支撑辊拆装机的主要性能参数

项　目		升 降 机 构	横 移 机 构	纵 移 机 构
负　载	性　质	重　力	摩 擦 力	
	种　类	恒 负 载		
	最大值/kN	11.079	5.52	7.48
最大行程/mm		750	2000	5000
运行速度/m·s⁻¹		≤0.05	≤0.1	≤0.3

表 4-2　板带热连轧机支撑辊拆装机液压系统的主要元件

元 件 名 称	型　号	最高工作压力/MPa	额定流量/L·min⁻¹
液压泵	IPV2V7 – 1X/63RE07MC – 14AI	8.5	156
液压缸	HSGK01 – 125/90E – 3412 – 750		
液压缸	HSGK01 – 125/70E – 3410 – 20000		
液压马达	MCR20E1750F280Z – 1X/AOM2W12	6.3	
安全溢流阀	DB10G2 – 4X/200	20	100
同步阀	ZTBF – 2G		
安全阀	DBDS4K1X/200	20	20

单元 7　400 轧管机组液压系统分析

【工作任务】

阅读和分析 400 轧管机组液压系统。

【任务解析——400 轧管机组液压系统】

A　主机功能结构

400 轧管机组用来热轧无缝碳素钢管与合金钢管。轧管机允许轧制规格为：钢管直径 $\phi127 \sim \phi425$ mm，壁厚 4～40 mm，钢管长度 6～15.5 m。如图 4-15 所示。轧管机由一对工作辊（上、下轧辊）和一对回送辊（上、下回送辊）组成。工作开始时，顶杆液压缸推动顶杆支持器前进。装上顶头后退回，紧贴顶杆后座。同时斜楔液压缸迅速前进，斜楔前进至工作辊上辊的轴承箱上,并将辊压下与下辊配合成要求的孔型,然后将回送辊的下辊落下。这时穿孔机送出的管坯沿轧制中心送进,轧制开始。轧制结束后,取掉顶头,斜楔缸退回,上工作辊在平衡锤的作用下抬起。回送辊的下辊也抬起与上辊同时旋转(转向与工作辊反向),将轧完的钢管沿回送中心退出,翻转 90°再轧。

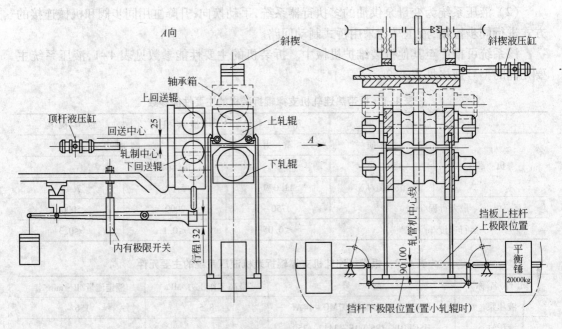

图 4-15　400 轧管机组机械工作原理示意图

顶杆支持器的工作位置调定后,固定不动,靠两个水平放置的柱塞缸来张紧。整个轧制工作过程柱塞缸都处于张紧状态。

B　液压系统分析

400 轧管机液压传动系统如图 4-16 所示,各液压缸工作顺序与相应的电磁铁动作顺序见表 4-3。

表 4-3　电磁铁动作顺序表

电磁铁动作 / 液压缸动作	1DT	2DT	3DT	4DT	5DT	6DT
顶杆缸前进	+	-	+	-	-	-
顶杆缸后退	+	+	-	-	-	-
顶杆缸到位	-	-	-	-	-	+
斜楔缸前进	+	-	-	+	-	+
斜楔缸后退	+	-	-	-	+	+

注:"+"表示电磁铁通电,"-"表示电磁铁断电。

顶杆向左前进的油路是,按下按钮使电磁铁 1DT 和 3DT 同时通电,换向阀 18 和 25 的右位同时接入系统。实现顶杆向左前进的主油路是:

(1)进油路　压力油由液压泵 14→单向阀 15 和 19→换向阀 25 的右位→顶杆液压缸的右腔,活塞左移。

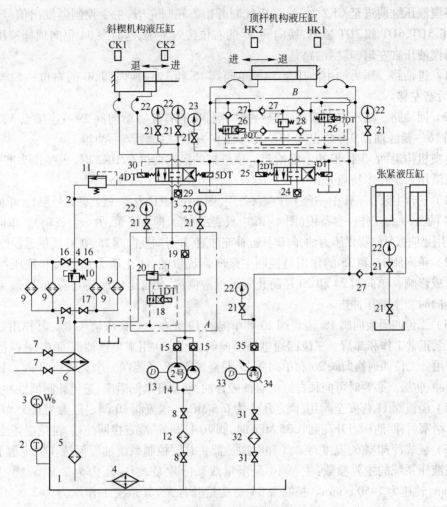

图4-16 400轧管机组液压传动系统图

（2）回油路 顶杆液压缸左腔的油液→换向阀25的右位→单向阀24→连接点3、2和4→截止阀16→精滤油器9→截止阀17→冷却器6→磁性过滤器5→油箱1。

顶杆前进到位至HK2，主令控制器发出信号，1DT和2DT同时通电，3DT断电。换向阀25的左位接入系统。实现顶杆液压缸右退的主油路是：

（1）进油路 压力油由液压泵14→单向阀15和19→换向阀25的左位→顶杆液压缸左腔，活塞右移。

（2）回油路 顶杆液压缸右腔的油液→换向阀25的左位→单向阀24→连接点3、2和4→截止阀16→精滤油器9→截止阀17→冷却器6→磁性过滤器5→油箱1。

当顶杆后退至HK1时，主令控制器发出信号，使2DT和3DT断电，1DT、4DT、6DT和7DT通电，这时泵34向顶杆液压缸补油实现斜楔液压缸向右前进，其主油路是：

（1）进油路 压力油由液压泵14→单向阀15和19→换向阀30的左位→斜楔液压缸的左腔，活塞右移。

（2）回油路 斜楔液压缸右腔的油液→换向阀30的左位→单向阀29→连接点3、2和4→截止阀16→精滤油器9→截止阀17→冷却器6→磁性过滤器5→油箱1。

　　斜楔液压缸前进至 CK2 时,轧管机轧制开始。轧制完毕,主令控制器发出信号:4DT 断电,1DT、5DT、6DT 和 7DT 通电,换向阀 30 的右位接入系统,这时泵 34 仍向顶杆液压缸补油实现斜楔液压缸左退,其主油路是:

　　(1) 进油路　压力油由液压泵 14→单向阀 15 和 19→换向阀 30 的右位→斜楔液压缸右腔,活塞左移。

　　(2) 回油路　液压缸左腔的油液→换向阀 30 的右位→单向阀 29→连接点 3、2 和 4→截止阀 16→精滤油器 9→截止阀 17→冷却器 6→磁性过滤器 5→油箱 1。

　　斜楔机构退回,工作辊的上辊抬起。顶杆缸的活塞前进至 HK2 时,更换顶头准备再轧。该液压系统技术特点是:

　　(1) 三台主泵在工作中一台工作两台备用(图 4-16 中只表示一台,即 2 号泵)。单向变量叶片泵 34 两台,一台工作一台备用(图 4-16 中只表示一台,即 4 号泵,另一台省略)。单向变量叶片泵作用是向张紧缸提供压力油,向顶杆缸补充油液,并且向换向阀 25 和 30 提供远程控制油液。

　　(2) 单向阀 15 和 35 的作用是控制主泵向系统供油,防止压力油倒流和液压冲击对液压泵造成影响。单向阀 24 和 29 是防止管道油液倒流,使管道内始终充满油液,避免电液换向阀换向时产生液压冲击。

　　(3) 二位四通换向阀 18、溢流阀 20 和单向阀 19 装在一个集成块 A 上。其作用是用来控制液压泵正常工作和卸荷。三位四通电液换向阀 25 和 30 用来更换油流通道,对执行机构起换向作用。二位四通换向阀 26 和单向阀 27 及溢流阀 28 同装在一个集成块 B 内。其作用是背压缓冲、防振。必要时可向顶杆缸的有杆腔补油,使顶杆紧贴后座,避免轧制惯性冲击。

　　(4) 溢流阀 11 作安全阀用,调定压力为 6.5 MPa。溢流阀 10 调定压力为 0.35 MPa,当滤油器 9 堵塞后,回油压力升高到 0.35 MPa 时,阀 10 打开,油液直接回油箱,避免损坏滤油器。

　　(5) 板式冷却器 6,温度计 2、3 和电加热器 4 共同控制系统油温保持在恒定值上。

　　该液压系统的主要参数:主泵 14 是定量双联叶片泵,额定压力为 7 MPa,额定流量为 40 L/min,转速为 1450 r/min。控制泵 34 是变量叶片泵,其系统工作压力为 2.5 MPa,流量为 33.2 L/min,转速为 1450 r/min。系统调定压力为 5 MPa。斜楔液压缸的规格是:$\phi 270/\phi 110 \times 370$ mm。斜楔拉杆的拉力移入时为 2.07×10^5 N,移出时为 1.6×10^5 N。液压缸的工作压力为 5 MPa,斜楔送进的周期时间为 2 s。张紧液压缸的规格是:$\phi 170/\phi 160 \times 300$ mm。顶杆液压缸的规格是:$\phi 150/\phi 90 \times 2000$ mm。

单元 8　轧机自动辊缝控制液压系统分析

【工作任务】

　　阅读和分析轧机自动辊缝控制液压系统。

【任务解析——轧机自动辊缝控制液压系统】

A　液压自动辊缝轧机功能结构

　　液压自动辊缝控制(AGC)是通过对液压缸的位置或力的伺服控制,克服轧件的不均匀性、轧机弹跳等因素,保持轧辊的辊缝恒定不变,以获得尺寸精度很高的产品的一种技术。

轧件在轧制时,其温度一般在 800~1000℃,以矿物油为工作介质的液压系统极易因泄漏引起火灾,造成巨大损失。为此,英国钢铁公司莱肯比 H 型钢厂在其液压 AGC 系统中使用 HFA95/5 高水基液(95% 的水中加入 5% 的各种合成抗磨、耐压添加剂混合而成的溶液)作为工作介质,该介质不含有任何矿物油,且与矿物油不相容。该厂采用三机架(初轧机、轧边机和精轧机)紧凑串列方式进行轧制,三台轧机上均配备了液压 AGC 系统,工作原理完全一致,故此处以初轧机液压 AGC 系统为例进行解析。

初轧机液压 AGC 系统包括水平轧辊压下 AGC 液压系统和立辊压入 AGC 液压系统。其中水平轧辊压下 AGC 液压系统共有两个 AGC 液压缸,安装在轧机压下丝杠与上辊轴承座之间,分别由两个液压系统进行控制,对初轧机上下水平辊辊缝进行精确控制;立辊压入 AGC 液压系统共有四个 AGC 液压缸,安装在轧机压入丝杠与立辊轴承座之间,分别由四个液压系统进行控制,对初轧机两侧立辊压入辊缝进行精确控制。因此初轧机共有六个 AGC 液压缸,分别由六个液压系统进行控制。这六个液压系统完全一样,只是所控制的 AGC 液压缸在轧机上所安装的位置不同而已。

B　液压系统分析

图 4-17 所示为初轧机传动侧水平辊压下 AGC 液压系统原理图,该系统包括主泵单元、先导控制单元、蓄能器单元、卸载单元、AGC 液压缸供油及控制单元、循环冷却单元六个部分。各部分的组成、功能及其工作原理如下:

(1) 主泵单元。该单元共有两台柱塞泵(往复运动式柱塞水泵)1,一台工作,一台备用。各泵出口有一个由插装阀 6、溢流阀 8 以及电磁换向阀 7 等元件组成的二次调压单元。溢流阀用于设定系统最高压力,起安全保护作用。在主泵 1 启动的同时,换向阀 7 的电磁铁断电,插装阀 6 开启,泵空载启动。大约经过 10 s,换向阀 7 的电磁铁通电,插装阀 6 关闭,泵转入升压供油状态。

(2) 先导控制单元。该单元由减压阀 12、溢流阀 13、单线压差式过滤器 16、蓄能器 20 等组成。先导控制压力由减压阀 12 设定。

(3) 蓄能器单元。该单元在主回路的压力油路中,共设置了四组皮囊式蓄能器 27,用于保持系统压力恒定,减小系统的压力波动。

(4) 卸载单元。该单元由溢流阀 22、电磁换向阀 21 组成。其功能是,通过对溢流阀 22 压力值的设定而限制压力回路中的压力峰值;通过电磁换向阀 21 的开启,使 AGC 液压缸 23 快速缩回。卸载单元主要用于事故处理状态,如坐辊或堆钢时。

(5) AGC 液压缸供油及控制单元。该单元给 AGC 柱塞式液压缸 23 提供压力油。工作原理为:液压泵 1 的压力油经过滤器 5、插装阀 32 到达插装阀 14。该插装阀是由先导控制油控制的,正常状态下,电磁阀 15 通电切换至左位,插装阀 14 开启,压力油经过插装阀 14 到达伺服阀 17。当伺服阀 17 的 b 位通电时,压力油进入 AGC 缸 23,缸的柱塞伸出,当伺服阀 17 的 a 位通电时,压力油与 AGC 缸不相通,AGC 缸与回油路接通,AGC 缸的柱塞由于其上作用的推力而缩回,从而实现了 AGC 缸柱塞的伸缩功能。

(6) 循环冷却单元。该系统的循环冷却单元为一个独立的离线液压回路(见图 4-17b),由定量泵(离心水泵)34、溢流阀 35、过滤器 37、冷却器 38 等元件组成。该回路与主系统共用一个油箱,吸油口位于油箱 33 的回油侧,回油口位于油箱 33 的吸油侧,回路的工作压力由溢流阀 35 设定。工作时,泵 34 的压力油经单向阀 36、过滤器 37、冷却器 38、单向阀 39 流回油箱 33 中,从而实现对油箱 33 中的油液的循环过滤和冷却。该系统为连续工作制,保证系统使用的工作介质有足够的清洁度(NAS 4 级),同时冷却油液使其温度保持在允许的工作范围 30 ~ 45℃内。

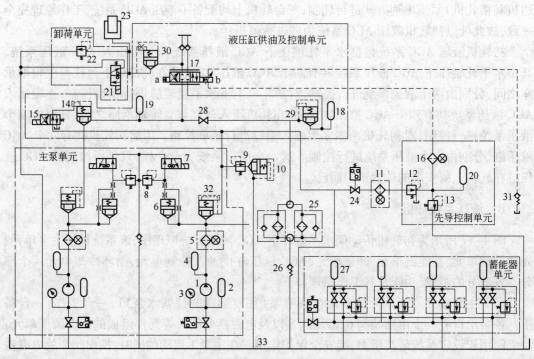

(a)

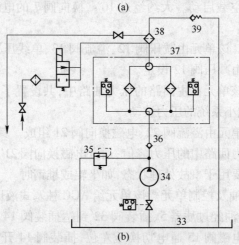

(b)

图 4-17　传动侧水平辊压下 AGC 液压系统原理图

(a) 主系统;(b) 循环冷却单元液压回路

1—定量柱塞泵;2,4,18 ~ 20,27—蓄能器;3—压力表;5,11,16—单线压差式过滤器;6,10,14,29,30,32—插装阀;

7,21—二位三通电磁提动换向阀;8,9,13,22,35—溢流阀;12—减压阀;15—二位四通电磁换向阀;17—电液伺服阀;

23—AGC 液压缸;24—压力继电器;25—回油过滤器;26,31,36,39—单向阀;28—截止阀;33—油箱;

34—定量泵;37—过滤器;38—冷却器

该液压系统技术特点有：

（1）系统采用适合 HFA95/5 工作介质的液压元件。主泵和冷却泵均为水泵，伺服阀是 Moog 的机械反馈式两级伺服阀。系统中禁用带有铝元素的液压元件，以防铝与 HFA95/5 介质发生反应产生腐蚀。另外，系统中所有的密封元件材料应采用氟橡胶。

（2）由于工作介质 HFA95/5 的黏度很低（几乎与水的黏度一致），系统中的控制元件大量使用了插装阀和电磁提动阀，以减少泄漏。

（3）由于 HFA95/5 消除空气以及分离污染物的能力较差，需采用较大体积的油箱来延长工作介质在油箱中的逗留时间；油箱高架设置（高于泵吸油管 2 m），以保证泵的吸油性能；尽量减少吸油管路上的各种弯曲，以防出现气蚀现象。

（4）由于工作介质 HFA95/5 的弹性模量较大，泵出口的工作介质具有较高的压力波动性，因此在系统中适当的地方（泵的吸、压油口，主系统压力油路，先导控制油路以及回油路中）都分别设置了体积大小不等的皮囊式蓄能器，以保持系统压力稳定，减少压力波动。

（5）由于工作介质 HFA95/5 的润滑性能较差，因此本系统使用的过滤器的过滤精度较使用液压油的同样系统要高，本系统中所有过滤器的过滤精度均为 3 μm。过滤器在系统中的安装位置要仔细考虑，尤其是泵出口过滤器的安装位置应尽量远离泵出口。如果过滤器安装位置离泵出口过近，由于 HFA95/5 弹性模量较大，泵出口压力波动较大，可能导致过滤器滤芯由于疲劳而损坏。

（6）由于使用 HFA95/5 作为工作介质，需使用不锈钢的油箱并使用高压水泵作为工作泵等，这会增加费用，但是由于 HFA95/5 价格低廉，对环境的污染程度很低，可以直接排放到环境中去，所以从整体和长远来看，其投资费用并不昂贵。同时 HFA95/5 具有非常良好的抗燃安全性能和抗磨性。所以与纯水液压介质类同，HFA95/5 也应视为一种"绿色"液压传动介质。

该液压系统可供其他轧机借鉴。

单元 9　加热炉炉门液压升降系统分析

【工作任务】

阅读和分析加热炉炉门液压升降系统。

【任务解析——加热炉炉门液压升降系统】

A　主机功能结构

三排道、蓄热式的 90 t/h 中板板坯加热炉炉门启闭机构采用液压缸驱动。图 4-18 所示为液压升降炉门的结构。根据负载要求，炉门的升降运动采用双缸驱动。两个中间销轴型双向可调缓冲式液压缸 6 置于炉门 8 两侧。炉门起升时，两个液压缸通过链条 4 拉动链轮 3 转动，轴上的所有链轮按同方向转动，带动反方向安装的炉门链条 9 运动，从而实现炉门的起升；炉门下降过程与上升过程相似。带有缓冲装置的液压缸可防止或减小运动端点因惯性力造成的冲撞；液压缸采用中间销轴型连接可使液压缸活塞受力不偏斜，可补偿安装误差。索具螺旋扣 10 可调整每个炉门链条、链轮的受力以保证悬挂炉门的链条受力均匀。液压缸与链条连接处的索具螺旋扣 5 可保证两侧液压缸同步。

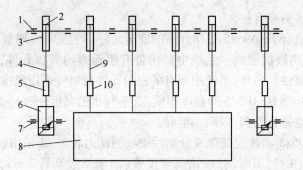

图 4-18　加热炉炉门升降机构简图

1—轴承座;2—销轴;3—链轮;4,9—链条;5,10—索具螺旋扣;6—中间销轴液压缸;7—液压缸支座;8—炉门

B　液压系统分析

加热炉炉门升降液压系统的原理图如图 4-19 所示。

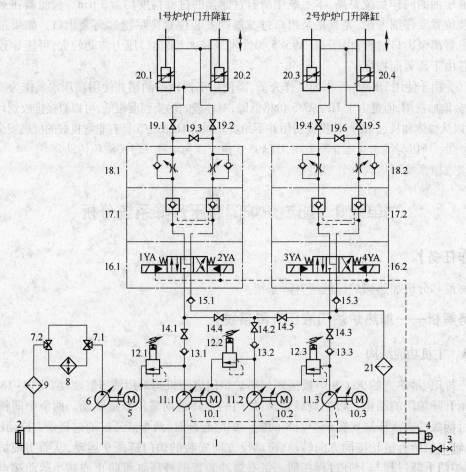

图 4-19　加热炉炉门液压升降系统原理图

1—油箱;2—液位、液温计;3—放油接头;4—电加热器;5,10—电动机;6—循环泵;7—三通球阀;

8—板式冷却器;9—循环过滤器;11—主液压泵;12—先导式溢流阀;13,15—单向阀;14,19—高压球阀;

16—三位四通电液换向阀;17—双液控单向阀;18—双单向节流阀;20—液压缸

该系统由三套液压泵组(恒压变量泵)和两套液压阀组组成。正常情况二开一备,即两台变量柱塞泵11.1和11.3分别为两套阀组供油,控制相应的炉门液压缸20,泵11.2作为其他两台工作泵的备用泵,在系统需检修或更换能源部分某组中的元件时,通过关闭相应的高压球阀14.1(或14.3),打开相应高压球阀14.4(或14.5),启动备用系统,以满足工作需要。系统的最高压力通过恒压变量泵11调整,系统工作压力由先导式溢流阀12设定。循环泵(三螺杆泵)6与冷却器8及过滤器9构成在线循环冷却过滤系统,用于系统的加热与油液过滤。

启动液压泵组后,工作泵的压力油经单向阀13、高压球阀14分别到1号、2号炉门升降机构的阀台。通过每个阀台上电液换向阀16相应的动作,分别控制对应的液压缸动作,相应的电磁铁动作顺序见表4-1所列。在油路上的双单向节流阀18用于两液压缸工作速度的调节;双液控单向阀17用于锁紧两液压缸,以保证在任意工作位置停止时,炉门不下落。为了检修方便,在油路上设置了19.3和19.6两个高压球阀,打开此两高压球阀,便可实现相对应的液压缸浮动,使缸停留在所需的位置上。鉴于两台液压缸同步工作要求并不太高,可将两个液压缸有杆腔并联,采用一路阀组供油的方式,通过两个液压缸的压力平衡来实现同步,从而简化系统结构,降低设备投资。

该液压系统技术特点有:

(1) 板坯加热炉炉门采用液压传动,炉门升降过程运行平稳,无抖动现象。

(2) 液压系统采用节流阀回油节流调速,有利于提高液压缸的平稳性和热油冷却;通过液控单向阀组实现液压缸锁紧,停位可靠。通过在线冷却润滑系统可保证液压油液的清洁度和适当油温,提高工作可靠性。

(3) 液压系统采用液压站配置,有泵站、油箱及阀组三个总成,有利于大幅度降低液压系统产生的噪声,且极大方便阀台的检修。

(4) 油箱单独置于地面上,油箱内设有放油接头、循环过滤器、回油过滤器、电加热器、液位液温计、板式冷却器。阀组总成包括一个备用泵切换阀组油路块和两个推钢机换向阀组油路块,并设有仪表板、压力继电器等。

(5) 液压系统的工作介质为46号抗磨液压油,系统的清洁度等级不低于NAS1638的8级。液压站还设有吸油真空度报警、油压过载报警、回油堵塞报警、油液过低报警、油温过低及过高报警等装置。油温高于50℃启动循环系统,油温低于15℃启动电加热器,确保油温工作在15～50℃。

该加热炉炉门液压升降系统可推广至同类中板加热炉炉门升降装置以及储料仓甚至江河大坝及水库的闸门启闭机构中。加热炉炉门液压升降系统电磁铁动作顺序见表4-4。加热炉炉门及其液压系统的技术参数见表4-5。

表4-4　加热炉炉门液压升降系统电磁铁动作顺序表

工　况		电磁铁状态			
		1YA	2YA	3YA	4YA
1号炉门	上　升	-	+	-	-
	下　降	+	-	-	-
2号炉门	上　升	-	-	-	+
	下　降	-	-	+	-

注:"+"表示电磁铁通电;"-"表示电磁铁断电。

表 4-5　加热炉炉门及其液压系统的主要技术参数

项　目		参　数	单　位
炉门	负　载	80	kN
	上升速度	0.14	m/s
	下降速度	0.07	
液压系统	单台主泵　流　量	68	L/min
	单台主泵的电动机　功　率	11	kW
	转　速	1460	r/min
	油　箱　有效体积	1.5	m³
	液压缸　缸　径	100	
	活塞杆直径	70	mm
	行　程	500	
	系统压力　最　高	16	MPa
	工　作	10	
设备总重		5	t

单元 10　热轧板推钢机的液压系统分析

【工作任务】

阅读和分析热轧板推钢机液压系统。

【任务解析——热轧板推钢机液压系统】

A　主机功能结构

80 t 热轧板推钢机用于向三排道蓄热式加热炉推进坯料(尺寸为 220 mm × 1400 mm × 1700 mm)。推钢机采用液压传动有利于其运动平稳性、减小整个装置的结构尺寸及占用空间和质量。图 4-20 所示为推钢机的结构原理。推钢机的前后运动采用单个液压缸 3 驱动,液压缸的活塞杆通过关节轴承、销轴与推头 2 连接,推头与两个推杆 5 间采用刚性连接,两组导向座 4 确定了推杆的运动方向,从而使推头的方向得到了保证,防止推头在推钢过程中跑偏。

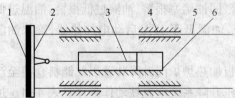

图 4-20　热轧板推钢机结构原理简图
1—耐磨面板;2—推头;3—液压缸;
4—导向座;5—推杆;6—底座

为了防止推头长期与钢坯接触产生磨损,造成推钢跑偏,在推头前增设了耐磨面板,当耐磨面板磨损超标时可单独进行更换。

B　液压系统分析

图 4-21 所示为热轧板推钢机液压系统原理。系统由四套液压泵组和三个液压阀组组成,正常情况下四套泵组中三开一备,即三台变量柱塞泵分别为三套阀组供油控制相应的液

压缸,泵4作为其他三台泵的备用泵。在系统需检修或更换能源系统中某组中的元件时,通过打开、关闭相应的高压球阀,启动备用系统,满足工作需要。

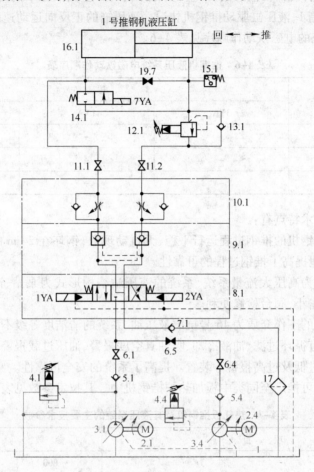

图4-21 热轧板推钢机液压系统原理图

1—油箱;2—电动机;3—恒压变量泵;4—先导式溢流阀;5,7,13—单向阀;6,11—高压球阀;
8—电液换向阀;9—双液控单向阀;10—双单向节流阀;12—先导式顺序阀;14—电磁换向阀;
15—压力继电器;16—液压缸;17—回油过滤器

系统的最高压力通过变量泵设定,系统工作压力由先导式溢流阀4调节。启动液压泵组后,压力油经单向阀5、球阀6分别到1号、2号、3号推钢机的阀台,通过每个阀台上电磁(液)换向阀各自相应的动作,分别控制相应的液压缸动作。

当电磁铁1YA、7YA通电分别使换向阀8切换至左位、换向阀14切换至右位时,泵3的压力油经双液控单向阀9的左侧单向阀、双单向节流阀10中的左侧单向阀进入缸16的无杆腔,有杆腔的压力油经换向阀14反馈进入无杆腔,形成差动回路,液压缸驱动推钢机快进;当推头推到板坯后,系统压力随着推力增加而上升,当系统压力升至压力继电器15的设定值(10 MPa)时继电器发出信号,电磁铁7YA断电使阀14复至图示左位,差动回路断开,系统压力进一步增大到先导式顺序阀12设定值(10.5 MPa)时,阀12打开,缸16有杆腔的油液经阀12、阀10右侧节流阀、阀9右侧液控单向阀、单向阀7和回油过滤器17排回油箱1,液压缸驱动推钢机转为慢速工进;当电磁铁2YA通电使换向阀8切换至右位时,泵3的压力油经双液控单向阀 9 的右侧单向阀、双单向节流阀 10 中的右侧单向阀、单向阀 13 进入缸 16 的有杆腔,无杆腔的油液经阀 10 左侧节流阀、阀 9 左侧液控单向阀、单向阀 7 和回油过滤器 17 排回油箱 1,液压缸驱动推钢机快退。液压缸的正反向运动速度由双单向节流阀10 调节。液压系统的电磁铁动作顺序见表 4-6。

表 4-6　推钢机液压系统电磁铁动作顺序表

工　况	电　磁　铁		
	3YA	1YA	2YA
快速进给	+	−	+
慢速工进	+	−	−
快速退回	−	+	−

该液压系统技术特点有:

(1) 该液压推钢机的推钢过程运行平稳、无抖动现象,钢坯在 24 m 的距离上跑偏量不大于 20 mm,大大地提高了推钢过程的可靠性。

(2) 液压系统为高压大流量系统,系统的液压站结构形式为泵站、油箱及阀组三个总成,噪声及系统冲击小,阀台检修便利。

(3) 液压系统的工作介质为 46 号抗磨液压油,系统的清洁度等级不低于 NAS1638 的 8级,在液压站还设有循环过滤、油液冷却、吸油真空度报警、油压过载报警、回油堵塞报警、液位过低报警、油温过低及过高报警等装置。提高了系统的安全可靠性。

该液压推钢机可推广至同类中板加热炉推钢机中。其技术参数见表 4-7。

表 4-7　热轧板推钢机及其液压系统的主要技术参数

项　目			参　数	单　位
推钢机	推　力		800	kN
	快进速度		0.19	m/s
	工进(推钢)速度		0.1	
	快退速度		0.21	
液压系统	柱塞泵	排　量	250	mL/r
		最大工作流量	249	L/min
	电动机	功　率	160	kW
		转　速	1490	r/min
	油　箱	有效体积	4500	L
	液压缸	缸　径	250	mm
		活塞杆直径	180	
	系统压力	最　高	24	MPa
		工　作	16	
设备总质量			16	t

单元 11　全液压盘钢翻转装置系统分析

【工作任务】

阅读和分析全液压盘钢翻转装置系统。

【任务解析——全液压盘钢翻转装置系统】

A　主机功能结构

圆盘钢翻转装置是高线车间的一种重要辅助设备。其功用是对钢卷进行翻转,保证行车的电磁铁吸附钢卷时,钢卷的平整表面朝上,以保证运输的安全和提高运输效率。该设备采用液压传动和 PLC 控制,主机由水平液压缸、小车和翻转装置组成,如图 4-22 所示,水平液压缸 1 和小车 6 相连,翻转装置安装在小车上,水平液压缸推动小车即翻转装置到预定工作位置。翻转装置由三个径向液压缸 7 和一个液压摆动马达 2 组成,通过实心轴 5 相连,三个径向液压缸位于同一水平面,彼此之间成 120°均匀分布。

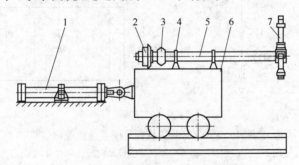

图 4-22　盘钢翻转装置结构示意图
1—水平液压缸;2—液压摆动马达;3—联轴器;4—轴承座;
5—实心轴;6—小车;7—径向液压缸

翻转装置的工作原理为:开始工作时,水平液压缸 1 伸出,推动小车即翻转装置到预定工作位置→三个径向液压缸 7 伸出,从盘钢内部将其夹紧,由于三个径向液压缸的中心偏上于盘钢中心,可以将盘钢托起→摆动马达 2 旋转,带动盘钢翻转 180°→三个径向液压缸 7 缩回,将盘钢平稳放下→水平液压缸缩回,将小车拉回起始工作位置,一个工作循环完成。

B　液压系统分析

图 4-23 所示为翻转装置的液压系统原理。系统的液压执行器是水平缸 7、径向缸 8 (三个)和摆动马达 11,它们的运动方向依次由电液换向阀 3.1~3.3 控制。缸 7 的伸缩运动速度由双单向节流阀 5 控制;液压锁 4.1 和 4.2 用于缸 7 和 8 的锁紧;三个径向夹紧缸 8 的同步控制由调速阀 10 调节和控制。溢流阀 13 用于防止马达卡死时高压油破坏系统。系统的油源为柱塞泵 14,系统的压力设定与卸载由电磁溢流阀 2 实现;压力表及其开关 16 用于观测系统压力;单向阀 15 用于防止油液倒灌。系统还设有冷却器 20、液位计 23、液位检测继电器 24、空气过滤器 25 和加热器 26 等液压辅件。

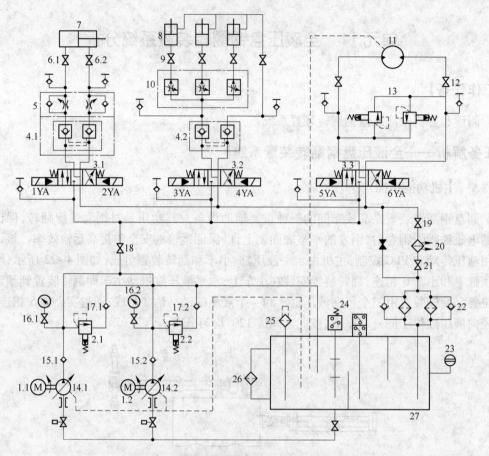

图 4-23　盘钢翻转装置液压系统原理图

1—电动机；2—电磁溢流阀；3—三位四通电液换向阀；4—液控单向阀；5—双单向节流阀；6,9,12—截止阀；
7—水平缸；8—径向缸；10—调速阀；11—摆动马达；13—溢流阀；14—柱塞式液压泵；15,17—单向阀；
16—压力表及其开关；18,19,21—截止阀；20—冷却器；22—回油过滤器；23—液位计；
24—液位继电器；25—空气过滤器；26—加热器；27—油箱

工作时，启动电动机泵组 1，液压站开始工作，电磁溢流阀 2 断电，泵 14 的压力油经溢流阀 2 卸载。

（1）水平液压缸。水平缸 7 开始处于缩回状态，即复位状态。电磁铁 1YA 通电使换向阀 3.1 切换至左位，泵 14 的压力油经 3.1、液压锁 4.1 中的左侧液控单向阀、双单向节流阀 5 左侧单向阀、截止阀 6.1 进入水平缸 7 的左腔，同时反向导通液压锁 4.1 中右侧的液控单向阀，右腔经阀 5 中的右侧节流阀、液压锁 4.1 中右侧的液控单向阀和阀 3.1 及截止阀 15 等向油箱排油，缸 7 的活塞杆伸出推动小车到预定的工作位置，小车运动速度由右侧节流阀的开度调定。当电液换向阀切换至右位时，压力油进入缸 7 的右腔，水平缸缩回，完成小车的收回工作。

（2）径向夹紧缸。三个径向缸 8 油路并联，同步工作，完成对盘钢的夹紧、托起、放下。工作时，电磁铁 3YA 通电使换向阀 3.2 切换至左位，泵 2 的压力油经液压锁 4.2、调速阀 10、截止阀 9 进入三个径向缸 8 的下腔，三个缸各由一调速阀控制，使三个缸同步伸出，油压随之升高，达到设定的压力后，电磁铁 3YA 断电使换向阀 3.2 复至中位，由液压锁实现保压，完成对盘钢的托起和夹紧。完成盘钢翻转180°后,电磁铁4YA断电使换向阀3.2切换至右位,压力油经液压锁4.2、截止阀9进入三个径向缸的上腔,使3个缸的活塞同时缩回,完成对盘钢的降落。

(3) 液压摆动马达。马达开始工作时,电磁铁5YA断电使换向阀3.3切换至左位,压力油经阀3.3、溢流阀13、截止阀12进入摆动马达11,实现摆动马达翻转180°,如液压油经电液换向阀右位进入,由另一油路进入马达可实现摆动马达的反向翻转。

该翻转装置采用PLC(型号为SIMATICS7-300)控制,控制流程见图4-24。

该液压系统技术特点有:

(1) 三个电液换向阀采用并联油路,换向阀的中位机能均采用Y型,使阀在中位时各缸的上、下腔与油箱接通,从而消除各缸动作扰动。

(2) 水平缸、夹紧缸均采用了液压锁,能在各液压缸不工作或系统发生故障而导致系统压力突然下降时,使活塞迅速、平稳、可靠且长时间地被锁定,并不为外力所移动,可准确地保持在既定位置上。

(3) 夹紧缸采用三个调速阀构成的分流 - 集流阀进行调速,使三个夹紧缸速度同步。由于分流 - 集流阀内部各节流孔相通,当夹紧液压缸停止时,可防止因负载不同而相互窜油,在油路上接入了双向液压锁,使系统安全可靠。

图4-24　盘钢翻转装置PLC控制流程方框图

工程用液压传动和PLC控制的圆盘钢翻转装置造价低,易于操作和控制,安全可靠,可以推广至其他翻转装置中。

单元12　高速线材打捆机液压系统分析

【工作任务】

阅读和分析高速线材打捆机液压系统。

【任务解析——高速线材打捆机液压系统】

A　主机功能结构

打捆机广泛应用于轧制生产中板线材的成品收集打捆。本打捆机由瑞典引进,采用液压传动和可编程序控制器(PLC)控制。其特性要求有:打捆机各执行机构的动作由液压系统完成,要求工作平稳、无冲击,系统响应速度应快;设置一个备用泵,以保证任何一个泵损坏系统仍能正常工作;操作系统设置手动操作和自动操作两种模式,可随意调整系统压力;应具有良好的维护性能,使维修人员容易接近维修部位;系统应设置故障自动报警系统等。

B　液压系统分析

打捆机的液压系统主要由液压泵站、盘卷压紧及平台升降回路、弧形穿线导卫系统回路、打捆头压下控制回路、喂线系统回路、打捆系统回路等组成。

（1）液压泵站。系统的液压泵站由油箱、泵组、阀组和自循环的冷却/过滤装置组成。其中泵组为四台（开三备一）压力补偿斜盘式轴向柱塞泵，其控制装置为压力和流量控制。图4-25所示为单台泵源的原理图（图中，P、T、D依次表示压力油路、回油路、泄漏油路，下同）。系统的工作压力由溢流阀 V_1 调节，当二位四通电磁换向阀 V_2 断电切换至右位时，液压泵1处于无载状态（压力为 $2\sim3$ MPa），当电磁换向阀 V_2 通电切换至左位时，泵的工作压力可达10 MPa。溢流阀 V_3 起安全阀作用，其设定压力约为25 MPa，当压力超过此界限时，系统溢流。

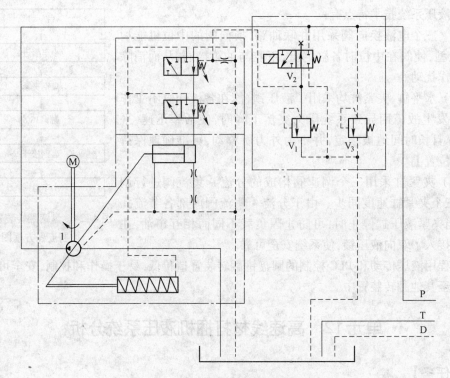

图4-25　单台泵源的液压原理图

1—压力补偿斜盘式轴向柱塞泵；V_1—溢流阀；V_2—二位四通电磁换向阀；V_3—溢流阀（安全阀）

（2）盘卷压紧及平台升降回路。图4-26所示为盘卷压紧及平台升降回路的液压原理图。盘卷压紧系统有75 kN、120 kN、165 kN、250 kN、300 kN、400 kN六种压紧力，压紧力的调节和设定通过比例溢流阀 V_2 实现。通过操作台上的一个选择开关，可以选择压紧力。液压缸的速度及压紧力均由PLC系统控制和调节。压紧液压缸 C_1 和 C_2 并联，运动速度及方向由比例换向阀 V_1 调节和设定；压紧液压缸 C_3 和 C_4 并联，运动速度及方向由比例换向阀 V_{14} 调节和设定。当阀 V_1 和 V_{14} 的电磁铁a通电时，压紧小车打开；当电磁铁b通电时，小车压紧。压紧小车的运动速度和加减速过程都是由比例换向阀 V_1 和 V_{14} 的电控器来完成。

线卷压紧时，电液换向阀 V_9、V_{20} 的电磁铁a通电，液压缸 $C_1\sim C_4$ 为差动连接，即缸有杆腔的回油从换向阀的B口经过P口反馈至无杆腔，形成差动。而在压紧小车松开时阀 V_9、V_{20} 的电磁铁a断电，T口与B口接通，压力油经T口和B口进入液压缸的有杆腔。无杆腔的油液经液控单向阀 V_5、V_{15} 回油箱。

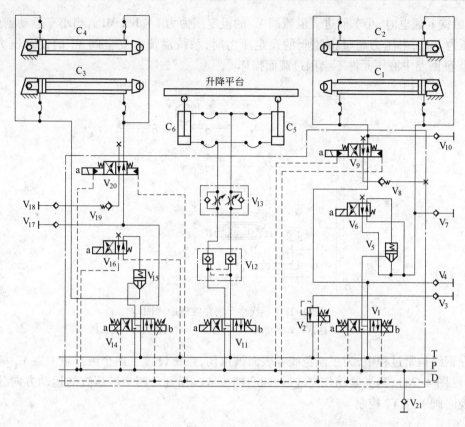

图 4-26　盘卷压紧及平台升降回路液压原理图

V_1，V_{14}—比例换向阀；V_2—比例溢流阀；V_3，V_4，V_7，V_{10}，V_{17}，V_{18}，V_{21}—测压接头；V_5，V_{15}—液控单向阀；

V_6，V_{16}—二位四通电磁换向阀；V_8，V_{19}—单向阀；V_9，V_{20}—二位四通电液换向阀；

V_{11}—三位四通电磁换向阀；V_{12}—双液控单向阀；V_{13}—双单向节流阀；$C_1 \sim C_6$—液压缸

电磁换向阀 V_6、V_{16} 主要控制液控单向阀 V_5、V_{15} 阀芯的启、闭。在压紧小车运动过程中，阀 V_6、V_{16} 的电磁铁 a 断电时，单向阀 V_5、V_{15} 的控制油与油箱连通，使单向阀 V_5、V_{15} 的主阀芯可以自由开启。当压紧小车移动完毕，电磁换向阀 V_6、V_{16} 的电磁铁 a 通电，接通阀 V_6、V_{16} 的 P 口与 B 口，压力油进入液控单向阀的上腔，使阀芯关闭，并且锁定液压缸活塞杆的位置。

当压紧小车相向运动，接触到 C 形钩上的散卷时，压紧盘上的光电管发出信号使升降平台上升到一定位置，压紧小车继续运动，直到预设的压紧力时，升降平台继续上升，使散卷完全脱离 C 形钩。两个平台液压缸 C_5、C_6 的升降由三位四通电磁换向阀 V_{11} 控制，双液控单向阀 V_{12} 构成液压锁，当电磁换向阀 V_{11} 处于中位时，锁定液压缸的位置；液压缸由单向节流阀 V_{13} 回油节流调速。

通过以上两种运动，就可以保证散卷压紧和提升及后续打捆的正常进行。

（3）弧形穿线导卫系统回路。本回路的功能是打开和关闭左、右两个弧形导卫，在 2 号压紧小车后部装有液压马达 M，液压马达的旋转通过齿轮齿条机构转化为导线小车的前进和后退运动使导线装置形成闭合回路，便于打捆。图 4-27 所示为导线小车回路液压原理图，导线小车进退的方向和速度由比例方向阀 V_2 设定和调节。当电磁铁 a 通电时，小车后退;电磁铁 b 通电时,小车前进。溢流阀 V_5 的设定压力为 1～1.2 MPa,当小车运动到位时,回路压力上升,当压力超过溢流阀的设定压力时,系统溢流。安全阀 V_3 的设定压力为 8 MPa,保证回路中液压元件不会因过载而损坏。

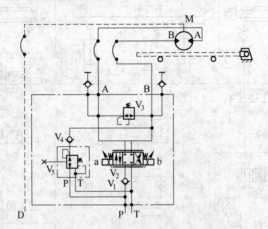

图 4-27　导线小车回路液压原理图

M—液压马达;V_1、V_4—单向阀;V_2—比例方向阀;V_3、V_5—溢流阀

在钢线拉紧过程中,为了避免线卷表面被拉伤,系统设置了四个液压缸 C_1～C_4 驱动的挡板(见图 4-28),当夹紧动作完成后,四个挡板依次松开。四个液压缸的运动方向分别由电磁换向阀 V_1～V_4 控制。

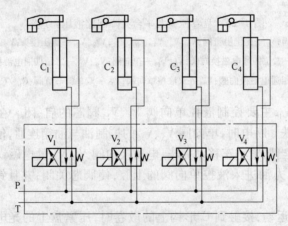

图 4-28　液压挡板回路原理图

V_1～V_4—二位四通电磁换向阀;C_1～C_4—液压缸

(4)打捆头压下控制回路。在压紧小车、导线小车运动到位,导线动作完成后,导线小车后退为打捆头压下让出空间,然后打捆头压下,完成收线和打捆动作。每个打捆头由一个液压缸驱动,图 4-29 所示为打捆头压下控制回路液压原理图。因为打捆头位置不同,所以打捆头 1、4 和打捆头 2、3 的压下液压控制油路也不相同。其中,打捆头 1、4 的油路相同,打捆头的压下和抬起由电磁换向阀控制(打捆头 1 为阀 V_1,打捆头 4 为阀 V_5),当电磁铁 a 通电时,打捆头压下,当电磁铁 b 通电时,打捆头抬起。单向减压阀(V_2 或 V_6)在压下时起减压作用。单向阀(V_3 或 V_7)形成双向液压锁,在电磁换向阀处于中位时,锁定打捆头,使其

位置固定。打捆头2、3的液压回路相同,打捆头的抬起由电磁换向阀(V_9、V_{13})控制,当电磁铁a通电时,打捆头压下,当电磁铁b通电时,打捆头抬起。单向减压阀(V_{10}或V_{14})在压下时起减压作用。由于无需承担打捆头自重,所以减压阀设定压力较之V_2低。平衡阀V_{11}主要负责支承打捆头的自重,使压下动作平稳。

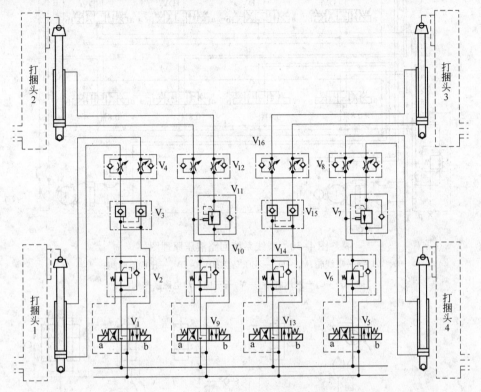

图4-29　打捆头压下控制回路原理图

V_1,V_5,V_9,V_{13}—三位四通电磁换向阀;V_2,V_6,V_{10},V_{14}—单向减压阀;V_3,V_7—双液控单向阀;

V_4,V_8,V_{12},V_{16}—双单向节流阀;V_{11},V_{15}—平衡阀

（5）喂线系统回路。图4-30所示为喂线系统回路液压原理图。喂线轮1、2、3、4分别由M_1、M_2、M_3、M_4驱动。各液压马达的旋转方向和速度分别由比例换向阀DV_1、DV_2、DV_3、DV_4控制。每个喂线轮装有两组夹紧轮,夹紧轮分别由液压缸C_1、C_2、C_3、C_4控制（各液压缸的运动方向由电磁换向阀V_1、V_2、V_3、V_4控制）,整个喂线系统的压力由减压阀V_5控制。

（6）打捆系统回路。打捆系统回路原理图如图4-31所示,它主要完成扭转、夹紧、切断、扭转头收回四个动作。这个动作分别由液压马达M和液压缸C_2、C_3、C_4来执行。其中电磁换向阀V_2的主要作用是对扭转辊进行润滑,电磁换向阀V_7的主要作用是控制气路系统,进行吹扫。

该液压系统技术特点有:

（1）与机械式线材打捆方式相比,液压传动的线材打捆机自动化程度、捆扎质量和工作效率都较高。

（2）液压系统为开式、负载传感系统,液压泵采用压力和流量两种方式控制,系统能量损失少;液压油源设有冗余的液压泵（开三备一）,可靠性高。

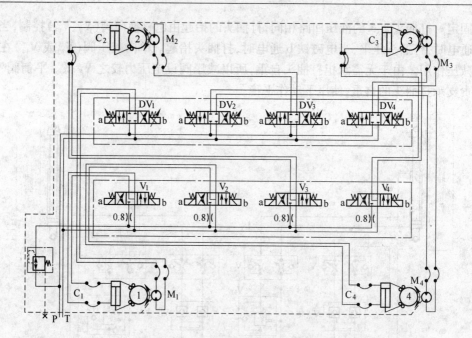

图 4-30　喂线系统回路液压原理图

1～4—喂线轮；$M_1 \sim M_4$—液压马达；$DV_1 \sim DV_4$—比例换向阀；

$C_1 \sim C_4$—液压缸；$V_1 \sim V_4$—三位四通电磁换向阀

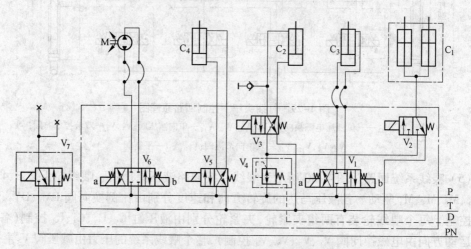

图 4-31　打捆系统回路原理图

M—液压马达；$C_1 \sim C_4$—液压缸；$V_1 \sim V_3$，$V_5 \sim V_7$—电磁换向阀；V_4—减压阀

（3）液压系统结构紧凑，管路简单，节省大量接管和管接头。

（4）维修方便，在处理紧急状态时，每一电磁阀有手动换向机构。

（5）油箱装有液位传感器、温度传感器，将这些信号引到操作台上，操作人员可随时监控油箱的状态。

（6）各执行机构均设有传感器及编码器，便于实现自动控制。

（7）整个系统由 PLC 控制，便于故障诊断和自动控制。

该系统可推广至其他线材打捆机中。其技术参数见表 4-8。

表 4-8　高速线材打捆机液压系统技术参数

项　目		参　数
最大压紧力/kN		400
打捆周期/s		34
噪声/dB		<85
液压泵(REXROTH 产 A10VSO30 型)	工作压力/MPa	13
	最大流量/L·min⁻¹	2000
油箱容积/L		2000
液压系统最大过载压力/MPa		25

单元 13　线材卷取机的液压系统分析

【工作任务】

阅读和分析线材卷取机的液压系统。

【任务解析——线材卷取机的液压系统】

A　主机功能结构

卷取机是冶金工业中将线材缠绕成盘的通用设备。在缠绕过程中,要求线材排列均匀、整齐而不产生乱卷现象,能自动消除过大的同步误差,换向及时平稳。此处介绍卷取机的两种缠绕装置液压系统:机液比例控制液压系统和电液比例控制液压系统。

B　液压系统分析

机液比例控制缠绕装置的液压系统原理如图 4-32 所示,卷筒 5 由直流调速电动机 8 驱动,转速传感器 7 用于检测卷筒的转速,卷筒的转轴通过齿轮减速器 9 带动变量泵 10 为平移液压缸 4 提供液压油源。平移缸的运动方向由电磁换向阀 3 控制,由单向阀构成的液压桥路 12 用于液压系统的安全保护并给液压泵补油。平衡阀 13 用于提高平移缸启动和换向过程的平稳性。为了满足线材排列均匀整齐的工艺要求,当线材在卷筒上的某一层进行排列时,平移缸运动速度 v 与卷筒转速 n 必须保持严格的比例关系 $v=kn$(k 为比例系数)。但由于系统非线性因素引起的偏差会增加平移缸的位置累积误差,当误差达到一定数值时,线材触动行程开关 6 发出信号,控制电磁换向阀 1 动作,为平移缸提供附加流量以消除平移缸位置累积误差,但系统的平稳性降低。由此可知,图 4-32 所示系统为机液比例控制缠绕装置的液压系统。影响平移缸运动速度 v 与卷筒转速 n 比例关系或比例系数的因素有线材直径 d、齿轮减速器的传动比、变量泵排量、平移缸的面积等。

电液比例控制缠绕装置的液压系统原理如图 4-33 所示,此系统针对机液比例式同步液压系统存在的问题,将图 4-32 中的减速器、变量泵、减压阀、液压桥路和平衡阀取消,用电液比例流量阀构成电液比例速度同步液压系统。该系统将卷筒转速传感器 7 输出的转速信号 n 作为指令信号,比例系数 k 的调节方式改为电调,k 可通过计算机程序或信号调理电路设置,平移缸的死区可利用零点电位器方便地给予消除。平移缸使用过程中泄漏引起的非线性变化和负载变化引起的液压阀压力 - 流量关系的非线性对比例系数 k 的影响均可方便地在信号条例单元进行补偿。而原系统中的电磁换向阀 1 则给予保留,用于消除平移缸的位置积累误差。另一方面,可在手动方式下,将平移缸推到行程中的任意位置,便于人工手动处理缠绕过程中线材排列不均匀的问题。通过合理设定比例系数 k 和系统的零点,即可保证平移缸的运动速度与卷筒的转速保持严格的比例关系,且卷筒在低速旋转时,平移缸有平稳的速度输出。

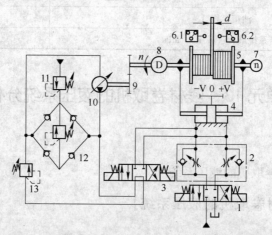

图 4-32　机液比例控制缠绕装置的液压系统原理图

1,3—三位四通电磁换向阀;2—双单向节流阀;4—平移液压缸;5—卷筒;6—行程开关;7—转速传感器;8—直流调速电动机;9—齿轮减速器;10—变量液压泵;11—减压阀;12—带安全阀液压桥路;13—平衡阀

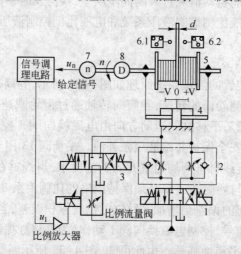

图 4-33　电液比例控制缠绕装置的液压系统原理图

1,3—三位四通电磁换向阀;2—双单向节流阀;4—平移液压缸;5—卷筒;
6—行程开关;7—转速传感器;8—直流调速电动机

采用电液比例速度同步液压系统代替机液比例式同步液压系统,比例系数调整方便,简化了系统,降低了设备成本;减少了故障点,提高了设备可靠性;缠绕过程更加平稳,减少了废品率。可供其他卷取机借鉴。

单元 14　型材翻面机液压系统分析

【工作任务】

阅读和分析型材翻面机液压系统。

【任务解析——型材翻面机液压系统】

A　主机功能结构

型材翻面机是型钢生产流水线上的一种专用设备,其功用是对异形球面等型钢进行翻面,以便对产品进行检验、局部打磨和修整,从而保证产品质量和美化产品外观。翻面机由机械、液压与电气三部分组成,安装时采用整体式安装。机械部分主要包括内外箱体、齿轮齿条翻转机构、升降机构、行走机构及夹紧装置等;液压部分包括液压泵组、阀组、液压缸、马达、油箱及连接管道等;电气部分由 PLC 及相应的程序构成。

翻面机在翻面时,由升降液压缸将内箱升降到适当的高度后锁紧,行走马达经齿轮一级减速驱动两个主动车轮行走,使待翻钢材进入夹持器中。夹紧液压缸动作,驱动夹持活动头夹紧钢材。带齿条的双杆活塞缸动作,通过齿轮齿条机构带动钢材翻转 180°,同时由马达驱动小车移动一定距离并放下钢材。夹紧液压缸放松,小车退出,双杆活塞缸驱动夹持头转动复位,完成一次工作循环。当完成工作后,整个内箱可下降至工作轨道平面之下,翻转小车可放置在适当位置。整个工作过程可自动连锁完成,也可单独手动执行。

B　液压系统分析

图 4-34 所示为翻钢机液压系统原理图。系统的液压执行器有翻转头升降缸(以下简称升降缸)31.1(缸筒固定)、翻转缸 32.1(杆固定)、夹紧缸 33.1(两个,缸筒固定)和主机行走马达 34.1,它们均采用电磁换向阀控制运动方向。双单向节流阀依次用于调节各缸的运动速度。液控单向阀 24.1 用于升降缸的锁定。插装式单向阀 26.1-4 和溢流阀 27.1 构成桥式回路,用于行走马达的双向制动及安全保护。系统的油源为单向变量泵 9.1,其最高压力由电磁溢流阀 15.1 设定,工作压力由压力表 18.1 观测。

翻转头的升降由电磁换向阀 20.1 控制。如果电磁铁 3YA 通电使换向阀 20.1 切换至右位,则液压泵 9.1 的压力油经单向阀 14.1、换向阀 20.1、液控单向阀 24.1 和双单向节流阀 25.1 中左侧单向阀进入升降缸 31.1 的下腔推动翻转头上升,下腔经阀 25.1 中右侧节流阀、阀 20.1 和过滤器 8.1 向油箱排油。如果电磁铁 2YA 通电使换向阀 20.1 切换至左位,则泵 9.1 的压力油经单向阀 14.1、换向阀 20.1 和双单向节流阀 25.1 中右侧单向阀进入缸 31.1 的上腔,下腔的油液经阀 25.1 中左侧的节流阀、换向阀 20.1 和过滤器 8.1 后回油箱,缸 31.1 下降。当换向阀 20.1 处于图示中位时,由液控单向阀 24.1 将缸 31 锁死。

翻转动作由电磁换向阀 21.1 控制。如果电磁铁 4YA 通电使换向阀 21.1 切换至左位,则压力油经换向阀 21.1 和阀 25.1 中左侧单向阀进入翻转缸 32.1 的右腔,因杆固定,故推动缸筒右移,使翻转头逆时针翻转,缸左腔油液经阀 25.2 中右侧节流阀和阀 21.1 及过滤器

8.1排回油箱。如果电磁铁5YA通电使换向阀21.1切换至左位,则压力油经阀21.1和阀25.1右侧单向阀进入缸32.1左腔,推动缸筒左移,使翻转头顺时针翻转,此时缸右腔的油液经阀25.2中节流阀和换向阀21.1及过滤器8.1排回油箱。当阀21.1处于图示中位时,停止翻转。

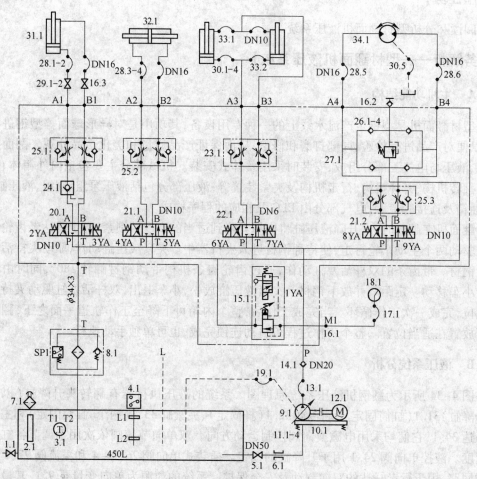

图4-34　型材翻面机液压系统原理图

1.1—放油口;2.1—液位计;3.1—试温计;4.1—液位检测器;5.1—截止阀;6.1—接头;7.1—空气过滤器;

8.1—回油过滤器;9.1—变量泵;10.1—泵组基座;11.1~4—基座连接件;12.1—电动机;

13.1,17.1,19.1,28.1~28.6,30.1~30.5,33.2—软管;14.1,26.1~4—单向阀;

18.1—压力表;20.1,21.1,21.2,22.1—三位四通电磁换向阀;

23.1,25.1,25.2—双单向节流阀;24.1—液控单向阀;27.1—溢流阀;

31.1—升降缸;32.1—翻转缸;33.1—夹紧缸;34.1—行走马达

夹紧与松开动作由电磁换向阀22.1控制。如果电磁铁6YA通电使换向阀22.1切换至左位,则压力油经阀22.1和双单向节流阀23.1右侧单向阀进入缸33.1的上腔,使活塞杆退回,实现松开动作。下腔的油液经阀23.1中左侧节流阀和阀22.1及过滤器8.1回油箱。如果电磁铁7YA通电,则压力油经阀22.1和阀23.1左侧单向阀进入缸33.1的下腔,活塞伸出,实现夹紧动作,上腔的油液经阀23.1中右侧节流阀和阀22.1后排回油箱。当阀22.1处于图示中位时,缸33.1处于锁紧状态。

主机的行走由电磁换向阀 21.2 控制。电磁铁 8YA 或 9YA 通电使换向阀 21.2 切换至左位或右位,压力油经阀 21.2 和双单向节流阀 25.2 进入马达 34.1,而回油经单向调节阀 25.3 和阀 21.2 排回油箱。8YA 或 9YA 分别控制翻面机的前进和后退。当阀 21.2 处于中位时,马达 34.1 处于制动状态。

该液压系统技术特点有:

(1) 液压系统采用恒压变量柱塞泵供油,主机行走马达采用溢流阀加单向阀桥式回路,使主机行走马达双向均能制动且制动力相同。采用双单向节流阀、液控单向阀技术,使执行机构速度可调,使升降缸在换向阀中位时不会因负载而出现回退现象。

(2) 液压泵组泵出口处设有电磁调压组件,压力表及电接点压力表双重保护,控制系统工作压力。液压泵组空载启动(电磁溢流阀 15.1 中的换向阀 1YA 通电),10 s 后,换向阀 1YA 断电使系统升压,起到了保护电动机的作用。

(3) 系统为中压系统,保证了流量不太大并减少泄漏。

(4) 受结构限制,系统未采用备用泵,使结构更加紧凑。

(5) 翻面机采用液压传动和 PLC 控制技术。整个装置结构紧凑,惯性小,便于自动控制;由 PLC 发出指令控制液压系统动作,根据不同的型材规格,控制程序可调。整个动作可单独手动也可自动控制,操作灵活方便。

该翻面机的液压系统可以推广至其他翻转设备中。

复习思考题

4-1 分析和阅读液压系统的方法和步骤有哪些?

4-2 根据在轧钢车间实训中接触到的轧钢设备,试分析并阅读某一装置的液压系统。

4-3 指出题 4-3 图所示液压系统,具有(   )、(   )、(   )和(   )的功能和作用,图中 $Q_A > Q_B$。要液压缸的活塞实现"快进、一工进、二工进和快退"的动作循环时,填出电磁铁通电情况表。

动作 \ DT	1DT	2DT	3DT	4DT
快 进				
一工进				
二工进				
快 退				

4-4 指出题 4-4 图所示液压系统,具有(   )、(   )、(   )、(   )、(   )和(   )的功能和作用,并填写电磁铁动作情况表。

动作 \ DT	1DT	2DT	3DT	4DT
A 夹紧				
B 快进				

续表

动作 \ DT	1DT	2DT	3DT	4DT
B 工进				
B 快退				
B 停止				
A 松开				

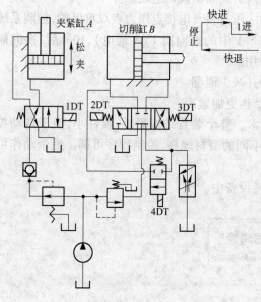

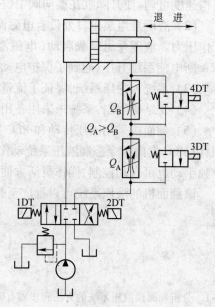

题 4-3 图　　　　　　　　　　　　　题 4-4 图

学习情境 5 　液压系统使用与维护

学习目标

(1) 掌握液压系统安装、清洗与调试的方法与操作程序。

(2) 掌握液压系统使用与维护的要求与方法。

(3) 掌握液压系统常见故障查找及排除的一般方法。

(4) 制订维护、检修计划和方案。

单元 1 　液压系统的安装与调试

【工作任务】

(1) 安装一种液压系统。

(2) 清洗一种液压系统。

(3) 调试一种液压系统。

【知识学习 1——液压系统的安装要求和准备工作】

液压系统由各种液压元件、辅助元件组成,各元件分布在设备的各个部位,它们之间由管路、管接头、连接体等零件有机地连接起来,组成一个完整的液压系统。因此液压系统的安装是液压系统能否正常运行的一个重要环节。液压系统的安装包括液压管路、液压元件、辅助元件等的安装。

A　装配工作的一般注意事项

(1) 所有零件在装配之前应保证其清洁。因此,在装配之前应仔细清洗所有零件,特别是阻尼孔道,不得剩有金属屑、油泥或其他污物。

(2) 在大多数情况下,轴承、衬套、油封和类似零件的装配都要使用专用工具。直接用锤打入装配部位是一种不良习惯,一般都要垫一木块或软金属来传递锤击力。

(3) 弹簧垫圈、平垫圈、开口销、平键等都是十分重要的零件。但是由于它们的尺寸小,在装配时很容易遗漏。

(4) 对于有规定扭矩的重要螺栓或螺钉一定要使用扭力扳手,拧紧时应注意正确的扳手顺序,各螺栓或螺钉的拧紧力要均匀。另外,还应注意这些螺栓、螺母的锁紧方法是否符合规定。

(5) 配合记号并不是相配零件的识别记号,而是指示应该尽可能准确地对齐的一种方法,千万不要搞错。

(6) 各弹簧(压力弹簧或回位弹簧)的两端面应与其中心线垂直。

(7) 装配时检查各密封面的密封情况,如阀体结合面之间、阀芯与阀体之间的密封应良好,必要时可用液压油试漏。

(8) 各元件在装配完成之后,应检查各运动件的运动情况,要求在全行程上移动或转动灵活无阻滞现象。

B　安装前的准备工作和要求

a　审查液压系统

审查液压系统主要是审查该项设计能否达到预期的工作目标,能否实现机器的动作和达到各项性能指标,安装工艺有无实现的可能,全面了解设计总体各部分的组成,深入地了解各部分所起的作用。审查的主要内容包含以下几点:

(1) 审查液压系统的设计。

(2) 鉴定液压系统原理图的合理性。

(3) 检查并确认液压系统的净化程度。

(4) 液压系统零部件的确认。

b　安装前的技术准备工作

液压系统在安装前,应按照有关技术资料做好各项准备工作。

(1) 技术资料的准备与熟悉。液压系统原理图、电气原理图、管道布置图、液压元件、辅件、管件清单和有关元件样本等,这些资料都应准备齐全,并熟悉其内容和要求。

(2) 物质准备。按照液压系统图和液压件清单,核对液压件的数量,确认所有液压元件的质量状况。尤其要严格检查压力表的质量,查明压力表交验日期,对检验时间过长的压力表要重新进行校验,确保准确可靠。

(3) 质量检查。由于液压元件在运输或库存过程中极易被污染和锈蚀,库存时间过长会使液压元件中的密封件老化而丧失密封性,有些液压元件由于加工及装配质量不良使性能不可靠,所以必须对元件进行严格的质量检查。

1) 液压元件质量检查。

① 各类液压元件型号必须与元件清单一致。

② 要查明液压元件保管时间是否过长,或保管环境不合要求,应注意液压元件内部密封件老化程度,必要时要进行拆洗、更换,并进行性能测试。

③ 每个液压元件上的调整螺钉、调节手轮、锁紧螺母等都要完整无损。

④ 液压元件所附带的密封件表面质量应符合要求,否则应予更换。

⑤ 板式连接元件连接平面不准有缺陷。安装密封件的沟槽尺寸加工精度要符合有关标准。

⑥ 管式连接元件的连接螺纹口不准有破损和活扣现象。

⑦ 板式阀安装底板的连接平面不准有凹凸不平缺陷,连接螺纹不准有破损和活扣现象。

⑧ 将通油口堵塞取下,检查元件内部是否清洁。

⑨ 检查电磁阀中的电磁铁芯及外表质量,若有异常不准使用。

⑩ 各液压元件上的附件必须齐全。

2）液压辅件质量检查。

① 油箱要达到规定的质量要求。油箱上附件必须齐全。箱内部不准有锈蚀，装油前油箱内部一定要清洗干净。

② 所领用的滤油器型号规格与设计要求必须一致，滤芯不得有缺陷，连接螺口不准有破损，所带附件必须齐全。

③ 各种密封件外观质量要符合要求。查明所领密封件保管期限，有异常或保管期限过长的密封件不准使用。

④ 蓄能器质量要符合要求，所带附件要齐全。查明保管期限，对存放过长的蓄能器要严格检查质量，不符合技术指标和使用要求的蓄能器不准使用。

⑤ 空气滤清器用于过滤空气中的粉尘，通气阻力不能太大，保证箱内压力为大气压。所以空气滤清器要有足够大的通过空气的能力。

3）管子和接头质量检查。

① 管子的材料、通径、壁厚和接头的型号规格及加工质量都要符合设计要求。

② 所用管子不准有缺陷。

③ 所用接头不准有缺陷。

④ 法兰件不准有缺陷。

【任务解析 1——安装液压系统】

安装液压系统应遵循"先内后外、先难后易和先精密后一般"的原则。

A　液压泵安装

泵通常通过支座或法兰安装，支座和电动机应采用共同的基础。液压泵传动轴和电动机驱动轴一般采用挠性联轴器连接，不允许用带传动直接带动泵轴转动。按图纸规定和要求进行液压泵安装。

（1）液压泵轴与电动机轴旋转方向必须是泵要求的方向，各类液压泵的吸油高度一般要小于 0.5 m。

（2）液压泵轴与电动机轴的同轴度应在 0.1 mm 以内，倾斜角不得大于 1°。

（3）液压泵、电动机及传动机构的地脚螺钉，在紧固时要受力均匀并牢固可靠。

（4）用手转动联轴节时，应感觉到泵转动轻松，无卡住或异常现象。

（5）注意区分液压泵的吸、排油口。

B　液压缸安装

按设计图纸的规定和要求进行液压缸安装。

（1）液压缸的安装应位置准确、牢固可靠，同时保证液压缸轴线与移动机构导轨面的平行度控制在 0.1 mm 以内。安装好后，用手推拉工作台时，应灵活轻便，无局部卡滞现象。

（2）为了防止热膨胀的影响，在行程长、温差大、要求高的工作情况下，缸的一端必须保持浮动。

（3）配管时要注意油口。

（4）安装时要让液压缸的排气装置处在最高部位。

C　液压阀安装

按设计图纸的规定和要求进行液压阀安装。

（1）安装阀时要注意进油口、出油口、回油口、控制油口、泄油口等的位置及相应连接管口，严禁装错，一般各油口均有文字代号说明，容易辨认。方向控制阀一般应保证轴线呈水平位置安装，压力控制阀类的安置在可能情况下不要倒装。

（3）板式连接的元件要检查进、出油口处的密封圈是否合乎要求，安装前密封圈应突出安装平面，保证安装后有一定的压缩量。

（4）紧固螺钉拧紧时受力要均匀并使元件安装平面与底板平面全部接触，防止拧紧力过大使元件产生变形而造成漏油或某些运动部件不能相对滑动。

（5）注意清洁，不准戴着手套进行安装，不准用纤维织品擦拭安装结合面。

（6）调压阀调节螺钉应处于放松状态，调速阀的调节手轮应处于节流口较小开口状态，换向阀处在原理图上所示状态。

（7）机动控制阀的安装一般要注意凸轮或挡块的行程以及和阀之间的接近距离，以免试车时撞坏。

（8）检查该接的油口是否都已接上，该堵住的油孔是否都堵上了。

D　管道安装

管道安装时各接头必须拧紧，以免漏油，尤其是泵的吸油管，不得漏气。若在管道接头处涂以密封胶，可提高油管的密封性。液压管道安装一般在所连接设备及液压元件安装完毕后进行，在管道正式安装前要进行配管试装。管道试装合适后，先编管号再将其拆下，以管道最高工作压力的 1.5～2 倍的试验压力进行耐压试验。试压合格后，可按"脱脂液脱脂→水冲洗→酸洗液清洗→水冲洗→中和液中和→钝化液钝化→水冲洗→干燥→喷涂防锈油（剂）"的工序进行清洗。清洗后，即可转入正式安装。管道安装应注意以下几方面。

（1）管道的布置要整齐，长度应尽量短，直角转弯应尽量少，同时应便于装拆、检修，不妨碍生产人员行走和设备运转。

（2）管道外壁与相邻管件轮廓边缘的距离应大于 10 mm，长管道应用支架固定。

（3）管道与设备、液压元件连接，不应使设备和液压元件承受附加外力。

（4）管道连接时，不得用加热管道、加偏心垫或多层垫等强力对正方法来消除接口端面的空隙、偏差、错口或不同心等缺陷。

（5）软管连接时，应避免急弯；软管不应处于受拉状态，一般应有 5% 左右的长度余量；软管与管接头的连接处应有一段直线过渡部分，其长度不应小于管道外径的两倍；在静止或随机移动时，管道本身不得扭曲变形。

（6）吸油管与液压泵吸油口处应密封良好，在吸油管口上应设置过滤器。

（7）回油管口应尽量远离吸油管口，并应伸至距油箱底面两倍管径处；回油管口应斜切成 45°，且斜口向箱壁一侧；溢流阀的回油管不得和液压泵的吸油口连通，要单独接回油箱；

凡外部有泄油口的阀(如减压阀、顺序阀、液控单向阀等),其泄油口与回油管相通时,不允许在总回油管上有背压,否则应单独设置泄油管通油箱。

(8)管道安装间歇期间,各管口应严密封闭。

【知识学习2——液压系统的清洗注意事项】

新(或修理后)的液压设备在液压系统安装后,调试前应对管路和油箱等进行清洗,特别是长期工作的液压设备。在换油时若未进行彻底清洗,则旧油中的胶质沉淀物和磨屑等一方面会加速新换油液的氧化变质,另一方面会引起滑阀卡死和节流孔口堵塞等故障。清洗时应注意以下事项:

(1)一般液压系统清洗时,多采用工作用的液压油或试车油。不能用煤油、汽油、酒精、蒸汽或其他液体,防止液压元件、管路、油箱和密封件等受腐蚀。

(2)清洗过程中,液压泵运转和清洗介质加热同时进行。清洗油液的温度为 50 ~ 80℃时,系统内的橡胶渣容易去除。

(3)清洗过程中,可用非金属锤棒敲击油管,可连续地敲击,也可不连续地敲击,以利清除管路内的附着物。

(4)液压泵间歇运转有利于提高清洗效果,间歇时间一般为 10 ~ 30 min。

(5)在清洗油路的回路上,应装过滤器或滤网。刚开始清洗时,因杂质较多,可采用过滤精度为 178 μm 的滤网,清洗后期改用过滤精度为 104 μm 以上的滤网。

(6)清洗时间要根据系统的复杂程度、过滤精度要求和污染程度等因素决定。

(7)为了防止外界湿气引起锈蚀,清洗结束时,液压泵还要连续运转,直到温度恢复正常为止。

(8)清洗后要将回路内的清洗油排除干净。

【任务解析2——清洗液压系统】

液压系统安装好后,在试车以前必须对管路系统进行清洗,要求高的系统可分两次进行。

第一次清洗前应先清洗油箱并用绸布擦净,然后注入油箱容量 60% ~ 70% 的工作油或试车油(不要用煤油、酒精等)。再按图 5-1(a)所示的方法将有溢流阀及其他阀的排油回路在阀的进口处临时切断;将液压缸两端的油管直接连通(使油液不流经液压缸),并使换向阀处于某换向位置(不处于中位);将主回油管处接一过滤器。这时,即可使泵运转并接通加热装置,将油加热到 50 ~ 80℃ 进行清洗。

清洗初期,回油管处的过滤器应用 0.15 ~ 0.19 mm 的滤油网;当达到清洗时间的 60%时,换用 0.10 mm 的滤油网。为提高清洗质量,应使泵作间歇运动,并在清洗过程中不断轻轻敲击油管,使管道各处微粒都被冲洗干净。清洗时间视系统复杂程度等具体情况而定,一般为十几个小时。第一次清洗结束后,应将系统中的油液全部排出,然后再次清洗油箱并用绸布擦净。

第二次清洗前应先将油路按正式工作油路接好,如图 5-1(b)所示。然后向油箱内注入实际工作所用的油液并启动液压泵对系统进行清洗。清洗时间一般为 1 ~ 3 h。清洗结束时,过滤器的滤油网上应无杂质。这次清洗后的油可以继续使用。

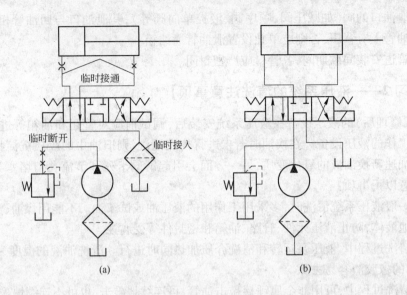

图 5-1　液压系统的清洗

【知识学习 3——液压系统调试准备工作】

无论是新制造的液压设备还是经过大修后的液压设备，都要进行工作性能和各项技术指标的调试，在调试过程中排除故障，从而使液压系统达到正常、稳定、可靠的工作状态，同时调试中积累的第一手资料整理纳入技术档案，可有助于设备今后的维护和故障诊断及排除。

液压设备调试的主要内容就是液压系统的运转调试，即不仅要检查系统是否完成设计要求的工作运动循环，而且还应该把组成工作循环的各个动作的力（力矩、速度、加速度、行程的起点和终点）、各动作的时间和整个工作循环的总时间等调整到设计时所规定的数值，通过调试应测定系统的功率损失和油温升高是否有碍于设备的正常运转，如果有碍应采取措施加以解决。

A　熟悉情况，确定调试项目

调试前，应根据设备使用说明书及有关技术资料，全面了解被调试设备的结构、性能、工作顺序、使用要求和操作方法，以及机械、电气、气动等方面与液压系统的联系，认真研究液压系统各元件的作用，读懂液压原理图，搞清楚液压元件在设备上的实际安装位置及其结构、性能和调整部位，仔细分析液压系统各工作循环的压力变化、速度变化以及系统的功率利用情况，熟悉液压系统用油的牌号和要求。

在掌握上述情况的基础上，确定调试的内容、方法及步骤，准备好调试工具、测量仪表和补接测试管路，制订安全技术措施，以避免人身安全和设备事故的发生。

B　调试的主要内容及步骤

（1）外观检查。外观检查是指系统未开车前，检查系统的元件质量及安装质量是否存在问题。其主要内容有：

1）液压泵、液压缸（液压马达）、油路块等各液压元件的管路安装是否正确、可靠。

2）液压泵和电动机的旋转方向是否一致，液压泵是否按标明的方向转动。

3）电磁阀的电气接线是否正确，阀芯用手推动后能否迅速复位，各手动阀能否扳动自如。

4）检查系统中压力表的安装位置及完好性。

5）检查油箱的液面高度，记录油及环境温度。

（2）空载试验。空载试验是让液压系统在空载条件下运转，检查系统的每个动作是否正常，各调节装置工作是否可靠，工作循环是否符合要求，同时也为带载试验做准备。

（3）带载试验。

【任务解析3——调试液压系统】

液压系统的调整和试车一般不会截然分开，往往是穿插交替进行的。调试主要包括：空载试车、负载试车、单项调整。

A　空载试车

空载试车是指在不带负载运转的条件下，全面检查液压系统的各液压元件、各种辅助装置和系统内各回路的工作是否正常，工作循环或各种动作的自动换接是否符合要求。在安装现场对某些液压设备仅能进行空负荷试车。

空载试车及调整的方法与步骤：

（1）间歇启动液压泵，使整个系统滑动部分得到充分的润滑，使液压泵在卸荷状况下运转（如将溢流阀旋松，或使 M 型换向阀处于中位等），检查液压泵卸荷压力大小，是否在允许数值内；观察液压泵运转是否正常，有无刺耳的噪声；油箱中液面是否有过多的泡沫，液位高度是否在规定范围内。

（2）使系统在无负载状况下运转，先令液压缸活塞顶在缸盖上或使运动部件顶死在挡铁上（若为液压马达则固定输出轴），或用其他方法使运动部件停止，将溢流阀逐渐调节到规定压力值，检查溢流阀在调节过程中有无异常现象。其次让液压缸以最大行程多次往复运动或使液压马达转动，打开系统的排气阀排出积存的空气；检查安全防护装置（如安全阀、压力继电器等）工作的正确性和可靠性，从压力表上观察各油路的压力，并调整安全防护装置的压力值在规定范围内；检查各液压元件及管道的外泄漏、内泄漏是否在允许范围内；空载运转一定时间后，检查油箱的液面下降是否在规定高度范围内。

油液进入了管道和液压缸中，使油箱液面下降，甚至会使吸油管上的过滤网露出液面，或使液压系统和机械传动润滑不充分而发出噪声，所以必须及时给油箱补充油液。对于液压机构和管道容量较大而油箱偏小的机械设备，这个问题特别要引起重视。

（3）与电器配合，调整自动工作循环或动作顺序，检查各动作的协调和顺序是否正确；检查启动、换向和速度换接时运动的平稳性，不应有爬行、跳动和冲击现象。

（4）液压系统连续运转一段时间（一般是 30 min），检查油液的温升应在允许规定值内（一般工作油温为 35 ~ 60℃），空载试车结束后，方可进行负载试车。

B　负载试车

负载试车是使液压系统按设计要求在预定的负载下工作。通过负载试车检查系统能否实现预定的工作要求,如工作部件的力、力矩或运动特性等;检查噪声和振动是否在允许范围内;检查工作部件运动换向和速度换接时的平稳性,不应有爬行、跳动和冲击现象;检查功率损耗情况及连续工作一段时间后的温升情况。

负载试车,一般是先在低于最大负载的情况下试车,如果一切正常,才可进行最大负载试车,这样可避免出现设备损坏等事故。

C　液压系统的调整

液压系统的调整在系统安装、试车过程中进行,在使用过程中也随时进行一些项目的调整。液压系统调整项目及方法如下:

(1) 液压泵工作压力。调节泵的安全阀或溢流阀,使液压泵的工作压力比液压设备最大负载时的工作压力大 10% ~ 20%。

(2) 快速行程的压力。调节泵的卸荷阀,使其比快速行程所需的实际压力大 15% ~ 20%。

(3) 压力继电器的工作压力。调节压力继电器的弹簧,使其低于液压泵工作压力 0.3 ~ 0.5 MPa(在工作部件停止或顶在挡铁上进行)。

(4) 换接顺序。调节行程开关、先导阀、挡铁、碰块及自测仪,使换接顺序及精确程度满足工作部件的要求。

(5) 工作部件的速度及其平衡性。调节节流阀(或调速阀)、溢流阀、变量液压泵或变量液压马达、润滑系统及密封装置,使工作部件运动平稳,没有冲击和振动,不允许有外泄漏,在有负载下,速度降落不应超过 10% ~ 20%。

D　液压系统的试压

液压系统试压的目的主要是检查系统、回路的漏油和耐压强度。系统的试压一般都采取分级试验,每升一级,检查一次,逐步升到规定的试验压力。这样可避免事故发生。

(1) 试验压力的选择。

1) 中、低压应为系统常用工作压力的 1.5 ~ 2 倍,高压系统为系统最大工作压力的 1.2 ~ 1.5 倍。

2) 在冲击大或压力变化剧烈的回路中,其试验压力应大于尖峰压力。

3) 对于橡胶软管,在 1.5 ~ 2 倍的常用工作压力下应无异常变形,在 2 ~ 3 倍的常用工作压力下不应破坏。

(2) 系统试压时,应注意以下事项:

1) 试压时,系统的安全阀应调到所选定的试验压力值。

2) 在向系统供油时,应将系统放气阀打开,待其空气排除干净后,方可关闭。同时将节流阀打开。

3) 系统中出现不正常声响时,应立即停止试验,待查出原因并排除后,再进行试验。

4) 试验时,必须注意安全措施。

一般的液压系统最合适温度为 40~50℃,在此温度下工作液压元件的效率最高,油液的抗氧化性处于最佳状态。如果工作温度超过 80℃,油液将早期劣化(每增加 10℃,油的劣化速度增加 2 倍),并引起黏度降低、润滑性能变差、油膜容易破坏、液压件容易烧伤等。因此液压油的工作温度不宜超过 70~80℃,当超过这一温度时,应停机冷却或采取强制冷却措施。

在环境温度较低的情况下,运转调试时,由于油的黏度增大,压力损失和泵的噪声增加,效率降低,同时也容易损伤元件。环境温度在 10℃ 以下时,属于危险温度,此时要采取预热措施,并降低溢流阀的设定压力,使液压泵负荷降低,等油温升到 10℃ 以上时再进行正常运转。

单元 2　液压系统的使用与维护

【工作任务】

完成对任一液压系统的维护工作。

【知识学习 1——液压系统的使用要求】

对生产中使用的液压设备,必须建立有关使用和维护方面的制度,以保证液压系统正常地工作。

(1) 操作者必须熟悉液压元件控制机构的操作要领,熟悉各液压元件调节旋钮的转动方向与压力、流量大小变化的关系等,严防调节错误造成事故。

(2) 泵启动前应检查油温。若油温低于 10℃,则应空载运转 20 min 以上才能加载运转。若室温在 0℃ 以下或高于 35℃,则应采取加热或冷却措施后再启动。工作中应随时注意油液温升。正常工作时,一般液压系统油箱中油液的温度不应超过 60℃;程序控制机床的液压系统或高压系统油箱中的油温不应超过 50℃;精密机床的温升应控制在 15℃以下。

(3) 液压油要定期检查更换。对于新投入使用的液压设备,使用三个月左右即应清洗油箱,更换新油。以后应按设备说明书的要求每隔半年或一年进行清洗和换油一次。

(4) 使用中应注意过滤器的工作情况,滤芯应定期清理或更换。

(5) 设备若长期不用,应将各调节旋钮全部放松,防止弹簧产生永久变形而影响元件的性能。

【知识学习 2——液压系统维护保养】

为了使液压系统长期保持要求的工作精度和避免某些重大故障的发生,经常性的维护保养是十分重要的。维护保养应分日常检查、定期检查和综合检查三个阶段进行。

(1) 日常检查。日常检查通常是用目视、耳听及手触感觉等比较简单的方法,在泵启动前、启动后和停止运转前检查油量、油温、压力、漏油、噪声、振动等情况,并根据情况进行维护和保养。对重要的液压设备应填写"日检修卡片"。

(2) 定期检查。定期检查的内容包括:调查日常检查中发现异常现象的原因并进行排除;对需要维修的部位,必要时,分解检修。定期检查的间隔时间,一般与过滤器检修的间隔时间相同,通常为 2～3 个月。

(3) 综合检查。综合检查大约每年一次。其主要内容是检查液压装置的各元件和部件,判断其性能和寿命,并对产生故障的部位进行检修或更换元件。综合检查的方法主要是分解检查,要重点排除一年内可能产生的故障因素。

定期检查和综合检查均应做好记录,以此作为设备出现故障查找原因或设备大修的依据。

(1) 定期紧固。液压设备在运行中由于振动、冲击,管接头及紧固螺钉会慢慢松动,如果不及时紧固,就会引起漏油,甚至造成事故,所以要定期对受冲击影响较大的螺钉、螺帽和接头等进行紧固。

(2) 定期更换密封件。密封在液压系统中是至关重要的,密封效果不好会造成漏油、吸空等故障。

1) 间隙密封多使用在液压阀中,如阀体和阀芯之间。间隙量应控制在一定范围内,间隙量的加大会严重影响密封效果。因此要定期对间隙密封进行检查,发现问题要及时更换、修理有关元件。

2) 密封件的密封效果与密封件的结构、材料、工作压力及使用安装等因素有关。目前弹性密封件材料,一般为耐油丁腈橡胶和聚氨酯橡胶。这类橡胶密封件经过长期使用,会自然老化,且因长期在受压状态下工作,还会产生永久变形,丧失密封性,因此必须定期更换。目前,我国密封件的使用寿命一般为一年半左右。

(3) 定期清洗或更换滤芯。滤油器经过一段时间的使用,滤芯上的杂质越积越多,不仅影响过滤能力,还会增大流动阻力,使油温升高,泵产生噪声。因此要定期检查,清洗或更换滤芯。

(4) 定期清洗油箱。液压系统油箱有沉淀杂质的作用。随工作时间的延长,油箱底部的脏物越积越多,有时还会被液压泵吸入系统,使系统产生故障。因此要定期清洗油箱,一般每隔 4～6 个月清洗一次,特别要注意在更换油液时必须把油箱内部清洗干净。

(5) 定期清洗管道。油液中脏物同样也会积聚在管子和油路块中,使用年限越久,聚积的脏物越多,这不仅增加油液的流动阻力,还可能被再次带入油液,堵塞液压元件的阻尼小孔,使元件产生故障,因此,要定期清洗。清洗方法有两种:一种是将管道各件拆下来清洗,一般对油路块、较软管及拆装方便的管道采用这种方法;另一种是利用清洗回路进行清洗。

(6) 定期过滤或更换油液。油的过滤是一种强迫滤除油中杂质颗粒的方法,它能使油的杂质控制在规定范围内,对各类设备要制订强迫过滤油的间隔期,定期对油液进行强迫过滤。液压油除了变脏外,还会随使用时间的延长氧化变质、发臭、颜色加深或变成乳白色等,这种情况要换油。一般液压油使用期限为 2000～3000 h。

【任务解析1——液压系统日常检查和定期检查】

液压设备通常采用"日常检查"和"定期检查"的方法,以保证设备的正常运行。检查项目及内容见表 5-1 和表 5-2。

表 5-1 日常检查项目和内容

检查时间	项目	内容
启动前检查	液位	是否正常,如液面过低,必须及时加注
	行程开关和限位块	是否紧固
	手动、自动循环	是否正常
	电磁阀	是否处于初始位置
运行中观察	压力	是否稳定在正常范围、是否波动剧烈
	噪声、振动	有无异常声响
	油温	应在 35～60℃ 范围内,最大不超过 70℃
	漏油(外泄漏)	全系统不得有漏油现象
	电压	是否保持在额定值 -5%～5% 范围内

表 5-2 定期检查项目和内容

定检项目	定检方法	内容
螺钉及管接头	定期紧固	10 MPa 以上系统,每月一次 10 MPa 以下系统,每三个月一次
过滤器、空气滤清器	定期清洗	一般系统每月一次,恶劣环境下每半月一次(另有规定者除外)
油箱、管道、阀块	大修检查	清洁油箱、阀块,检查橡胶管道的老化情况
密封件	定期更换	按环境温度、工作压力、密封件材质确定
油污染度	定期更换	按产品说明书中规定的换油周期进行
压力表	定期检查	按设备使用情况,如出现指示不准,立即更换
高压软管	定期更换	根据使用老化情况,规定更换周期
电气部分	定期检查	按电器使用维修规定,定期检查维修

【任务解析 2——液压系统维护保养】

我国对液压设备的保养期尚无标准可循,必须依工作环境、系统工作参数、设备工作性质等具体情况确定。

对于常规机械设备的液压系统,一般可制订定期保养计划。

(1) 200 h 保养。

1) 油量检查,补充相同牌号的液压油。

2) 清洗滤油器,更换滤芯。

3) 检查液压缸、阀等的密封装置。

4) 检查连接件可靠性与紧密性。

5) 检查管路及管接头。

(2) 500 h 保养,除进行 200 h 保养之外。

1) 换油。检查液压油的污染程度,尚可使用的,将其上部 90% 的液压油经过滤后复用,清除油箱内剩余的 10% 残油。否则需全部更换新的液压油。

2) 清洗油箱,检查涂层情况,检查油箱其他部件。

3) 检测电气系统的功能。

（3）2000 h 保养,除进行 500 h 保养之外。

1）检查执行元件的磨损及损失情况,决定是否需要修复或更换。

2）检查液压泵、液压马达的主要性能指标,确定是否需要修复或更换。

3）检查液压阀弹簧,是否发生弹性下降、变形或断裂。

4）更换密封件。

5）保养结束后,按装配技术标准及试运转程序逐次检查。

单元 3　液压系统常见故障分析与排除

【工作任务】

完成液压系统的任意一种故障分析及排除工作。

【知识学习——液压系统的故障】

液压系统工作不正常,不管开始表现形式如何,最后主要表现为执行机构不能正常工作。例如,没有运动、运动不稳定、运动方向不正确、运动速度不符合要求、动作循环错乱、力输出不稳定、产生液压冲击、液压卡紧和爬行等故障。这些故障有的是由某一液压元件失灵而引起的;有的是系统中多个液压元件的综合性因素造成的;有的是因为液压油被污染造成的;也有的是由机械、电器以及外界的因素引起的。

这些故障不能像机械故障那样直接观察到,进行检测也不如电气系统方便。有些故障用调整的方法即可排除;有些故障可用更换易损件(如密封圈等)、换液压油甚至更换个别标准液压元件或清洗液压元件的方法排除。只有部分故障是因设备使用年久,精度超差需经修复才能恢复其性能。因此,只要熟悉设备的液压系统原理图,熟悉各液压元件的结构、性能、在液压系统中的作用及其安装位置,了解设备的使用和维护情况,主动与操作者密切合作,认真分析故障可能的原因,采用"先外后内"、"先调后拆"、"先洗后修"的步骤,大多数故障是会很快排除的。当然,液压元件均在润滑充分的条件下工作,液压系统均有可靠的过载保护装置(如安全阀等),很少发生金属零件破损、严重磨坏等现象。

A　压力不正常

液压传动系统中,工作压力不正常主要表现在工作压力建立不起来,工作压力升不到调定值,有时也表现为压力升高后降不下来,致使液压传动系统不能正常工作,甚至运动件处于原始位置不动。液压系统工作压力不足的主要原因有:液压泵出现故障,液压泵的驱动电动机出现故障,压力阀出现故障等几个方面。

B　爬行

液压执行机构(油缸移动或马达转动)出现明显的速度不均、断续的时动时停、一快一慢、一跳一停的现象,称之为爬行。造成爬行主要有以下三个原因:

（1）油缸或马达内进气。

（2）系统内有压力或流量脉动。

（3）执行机构的机械阻力或摩擦力变化太大。

在上述三个因素中，对于正常运转的设备来说，空气进入系统是主要因素。由于空气的压缩性很大，一旦液压油中混入空气，使原本认为"不可压缩"的"刚性"液体，变成了包含很多"小气球"的"弹性"液体，因而此时油液"刚性"极差，像弹簧一样，具有吸收和释放力的过程。作用在执行机构上的力也就发生时大时小的变化，导致爬行。

C　液压冲击

在液压系统中，由于某种原因引起液体压力在某一瞬间突然急剧上升，形成很高的压力峰值，这种现象称为液压冲击。巨大的瞬时压力峰值使液压元件，尤其是液压密封件遭受破坏；系统产生强烈振动及噪声，并使油温升高；使压力控制元件（如压力继电器、顺序阀等）产生误动作，造成设备故障及事故。产生液压冲击的主要原因是阀门突然关闭以及运动部件突然制动或换向。

D　振动和噪声

振动和噪声是液压设备常见故障之一，二者是一对孪生兄弟，往往是同时产生、同时消失。振动和噪声加剧了设备的磨损，造成管路接头松脱、加剧泄漏，甚至振坏仪器仪表，淹没报警、指挥信号。噪声使人大脑疲劳、心跳加快、听力受到影响，对操作者身心健康造成危害。在造成振动和噪声故障源中，油泵和溢流阀居首位，油马达、其他压力阀、方向阀次之，流量阀更次之。

E　系统油温过高

液压系统的温升发热，和污染一样也是一种综合故障的表现形式，主要通过测量油温和少量液压元件来衡量。

液压设备是用油液作为工作介质来传递和转换能量的，运转过程中的机械能损失、压力损失和容积损失必然转化成热量放出，从开始运转时接近室温的温度，通过油箱、管道及机体表面，还可通过设置的油冷却器散热，运转到一定时间后，温度不再升高而稳定在一定温度范围达到热平衡，二者之差便是温升。

温升过高会产生下述故障和不良影响：

（1）油温升高，会使油的黏度降低，泄漏增大，泵的容积效率和整个系统的效率会显著降低。由于油的黏度降低，滑阀等移动部位的油膜变薄和被切破，摩擦阻力增大，导致磨损加剧，系统发热，带来更高的温升。

（2）油温过高，使机械产生热变形，使得液压元件中热膨胀系数不同的运动部件之间的间隙变小而卡死，引起动作失灵，又影响液压设备的精度，导致零件加工质量变差。

（3）油温过高，也会使橡胶密封件变形，提早老化失效，缩短使用寿命，丧失密封性能，造成泄漏，泄漏又会进一步引起发热产生温升。

（4）油温过高，会加速油液氧化变质，并析出沥青物质，缩短液压油使用寿命，析出物堵塞阻尼小孔和缝隙式阀口，导致压力阀调压失灵、流量阀流量不稳定和方向阀卡死不换向、金属管路伸长变弯，甚至破裂等诸多故障。

（5）油温升高，油的空气分离压降低，油中溶解空气溢出，产生气穴，致使液压系统工作性能降低。

【任务解析——液压系统常见故障分析及排除】

液压系统常见故障分析及排除方法见表 5-3。

表 5-3　液压系统常见故障分析及排除方法

故障现象	故障分析	排除方法
无压力或压力提不高	1. 液压泵	
	（1）液压泵转向错误	改变转向
	（2）泵体或配流盘缺陷，吸压油腔互通	更换零件
	（3）零件磨损，间隙过大，泄漏严重	修复或更换零件
	（4）油面太低，液压泵吸空	补加油液
	（5）吸油管路不严，造成吸空，进油吸气	拧紧接头，检查管路，加强密封
	（6）压油管路密封不严，造成泄漏	拧紧接头，检查管路，加强密封
	2. 溢流阀	
	（1）弹簧疲劳变形或折断	更换弹簧
	（2）滑阀在开口位置卡住，无法建立压力	修研滑阀，使其移动灵活
	（3）锥阀或钢球与阀座密封不严	更换锥阀或钢球，配研阀座
	（4）阻尼孔堵塞	清洗阻尼孔
	（5）遥控口误接回油箱	截断通油箱的油路
	3. 液压缸高低压腔相通	修配活塞，更换密封件
	4. 系统中某些阀卸荷	查明卸荷原因，采取相应措施
	5. 系统严重泄漏	加强密封，防止泄漏
	6. 压力表损坏失灵，造成无压现象	更换压力表
	7. 油液黏度过低，加剧系统泄漏	提高油液黏度
	8. 温度过高，降低了油液黏度	查明发热原因，采取相应措施或散热
	9. 节流阀或调速阀流量不稳定	选用流量稳定性好的流量控制阀
	10. 液压缸	
	（1）液压缸零件加工装配超差，摩擦力大	更换不合精度的零件，重新装配
	（2）液压缸内外泄漏严重	研修缸内孔，重配活塞，更换密封圈
	（3）液压缸刚度低	提高刚度
	（4）液压缸安装不当，精度超差，与导轨轴线不平行	重新安装，调平行度
	11. 混入空气	
	（1）油面过低，吸油不畅	补加油液
	（2）过滤器堵塞	清洗过滤器
	（3）吸、排油管相距太近	将吸、排油管远离设置
	（4）回油管没插入油面以下	将回油管插入油液中
	（5）密封不严，混入空气	加强密封
	（6）运动部件停止运动时，液压缸油液流失	增设背压阀和单向阀，防止停机时油液流失
	12. 油液不洁	
	（1）污物卡住执行元件，增加摩擦阻力	清洗执行元件，更换油液或加强滤油
	（2）污物堵塞截流，引起流量变化	清洗节流阀，更换油液或加强滤油
	13. 油液黏度不适当	换用规定黏度的液压油
	14. 外部摩擦力	
	（1）拖板楔铁或压板调得过紧	重新调整
	（2）导轨等导向机构精度不高，接触不良	按规定刮研导轨，保证接触精度
	（3）润滑不良，油膜破坏	改善润滑条件

故障现象	故障分析	排除方法
液压冲击	1. 液压缸	
	（1）运动速度过快，没设置缓冲装置	设置缓冲装置
	（2）缓冲装置中单向阀失灵	检修单向阀
	（3）液压缸与运动部件连接不牢固	紧固连接螺栓
	（4）液压缸缓冲柱塞锥度太小，间隙太小	按要求修理缓冲柱塞
	（5）缓冲柱塞严重磨损，间隙过大	配置缓冲柱塞或活塞
	2. 节流阀开口过大	调整节流阀
	3. 换向阀	
	（1）电液换向阀中的节流螺钉松动	调整节流螺钉
	（2）电液换向阀中的单向阀卡住或密封不良	修研单向阀
	（3）滑阀运动不灵活	修配滑阀
	4. 压力阀	
	（1）工作压力调得太高	调整压力阀，适当降低工作压力
	（2）溢流阀发生故障，压力突然升高	排除溢流阀故障
	（3）背压阀压力过低	适当提高背压力
	5. 没有设置背压阀	设置背压阀或节流阀使回油产生背压
	6. 垂直运动的液压缸下腔没有采取平衡措施	设置平衡阀平衡重力产生的冲击
	7. 混入空气	
	（1）系统密封不严，吸入空气	加强密封
	（2）停机时执行元件油液流失	回油管路设置单向阀或背压阀防止元件油液流失
	（3）液压泵吸空	加强吸油管路密封，补足油液
	8. 运动部件惯性力引起换向冲击	设置制动阀
	9. 油液黏度太低	更换油液
振动和噪声	1. 液压泵	
	（1）油液不足，造成吸空	补足油液
	（2）液压泵的位置太高	调整液压泵高度
	（3）吸油管道密封不严，吸入空气	加强吸油管道的密封
	（4）油液黏度太大，吸油困难	更换液压油
	（5）工作温度太低	提高工作温度，油箱加热
	（6）吸油管截面太小	增大吸油管直径或将吸油管口斜切 45°，以增加吸油面积
	（7）过滤器堵塞，吸油不畅	清洗过滤器
	（8）吸油管浸入油面太浅	将吸油管浸入油箱 2/3 处
	（9）液压泵转速太高	选择适当的转速
	（10）泵轴与电动机轴不同轴	重新安装调整或更换弹性联轴器
	（11）联轴器松动	拧紧联轴器
	（12）液压泵制造装配精度太低	更换精度差的零件，重新安装
	（13）液压泵零件磨损	更换磨损件
	（14）液压泵脉动太大	更换脉动小的液压泵
	2. 溢流阀	
	（1）阀座磨损	修复阀座

故障现象	故　障　分　析	排　除　方　法
振动和噪声	（2）阻尼孔堵塞	清洗阻尼孔
	（3）阀芯与阀体间隙太大	更换阀芯,重配间隙
	（4）弹簧疲劳或损坏,使阀移动不灵活	更换弹簧
	（5）阀体拉毛或污物卡住阀芯	去除毛刺,清洗污物,使阀芯移动灵活
	（6）实际流量超过额定值	选用流量较大的溢流阀
	（7）与其他元件发生共振	调整压力,避免共振,或改变振动系统的固有振动频率
	3. 换向阀	
	（1）电磁铁吸不紧	修理电磁铁
	（2）阀芯卡住	清洗或修整阀体和阀芯
	（3）电磁铁焊接不良	重新焊接
	（4）弹簧损坏或过硬	更换弹簧
	4. 管路	
	（1）管路直径太小	加大管路直径
	（2）管路过长或弯曲过多	改变管路布局
	（3）管路与阀产生共振	改变管路长度
	5. 由冲击引起振动和噪声	见"液压冲击"一栏
	6. 由外界振动引起液压系统的振动	采取隔振措施
	7. 电动机液压泵转动引起振动和噪声	采取缓振措施
	8. 液压缸密封过紧或加工装配误差运动阻力大	适当调整密封松紧,更换不合格零件,重新装配
油温过高	1. 液压系统设计不合理,压力损失大,效率低	改进设计,采用变量泵或卸荷措施
	2. 压力调整不当,压力偏高	合理调整系统压力
	3. 泄漏严重,造成容积损失	加强密封
	4. 管路细长且弯曲,造成压力损失	加粗管径,缩短管路,使油液畅通
	5. 相对运动零件的摩擦力过大	提高零件加工装配精度,减小摩擦力
	6. 油液黏度大	选用黏度低的液压油
	7. 油箱容积小,散热条件差	增大油箱容积,改善散热条件
	8. 由外界热源引起温升	隔绝热源
泄漏	1. 密封件损坏或装反	更换密封件,改正安装方向
	2. 管接头松动	拧紧管接头
	3. 单向阀钢球不圆,阀座损坏	更换钢球,配研阀座
	4. 相互运动表面间隙过大	更换某些零件,减小配合间隙
	5. 某些零件磨损	更换磨损的零件
	6. 某些铸件有气孔、砂眼等缺陷	更换铸件或修补缺陷
	7. 压力调整过高	降低工作压力
	8. 油液黏度太低	选用黏度较高的油液
	9. 工作温度太高	降低工作温度或采取冷却措施

复习思考题

5-1 液压系统中管道、液压件安装要求有哪些?

5-2 液压系统调试的目的、主要内容及步骤是什么?

5-3 液压系统维护的主要内容有哪些?

5-4 液压系统常见故障有哪些?

5-5 液压系统工作压力不正常主要表现有哪些,原因是什么?

5-6 液压系统流量不正常主要原因有哪些?

5-7 液压系统中的振动和噪声产生的主要原因有哪些?

5-8 为什么液压系统安装后要清洗?

5-9 液压元件使用一段时间后,容易出现泄漏问题,主要原因是什么?

5-10 液压系统故障排除的一般步骤有哪些?

附　　录

附录1　液压图形符号

$$\left(\begin{array}{l}\text{摘自 GB/T 786.1—93}\\ \text{代替 GB 786—76}\end{array}\right)$$

附表1　基本符号、管路及连接

项　目	名　称	用途或符号解释	符　号	备　注
5.1.1	线			
5.1.1.1	实线	工作管路 控制供给管路 回油管路 电气线路	b	图线宽度 b 按 GB 4457.4 规定
5.1.1.2	虚线	控制管路 泄油管路或放气管路 过滤器 过渡位置	约 $\frac{1}{3}b$	
5.1.1.3	点划线	组合元件框线	约 $\frac{1}{3}b$	
5.1.1.4	双线	机械连接的轴、操纵杆、活塞杆等	$\frac{1}{5}l$	
6.1				
6.1.1	管路	连接管路		
6.1.2		交叉管路		
6.1.3		柔性管路		
6.2	管路连接口和接头			
6.2.1 6.2.1.1		连续放气		
6.2.1.2	放气装置	间断放气		
6.2.1.3		单向放气		

项 目	名 称	用途或符号解释	符 号	备 注
6.2.3				
6.2.3.1	快换接头	不带单向阀		
6.2.3.2		带单向阀		
6.2.4				
6.2.4.1	旋转接头	单通路		
6.2.4.2		三通路		

附表 2　控制机构和控制方法

项 目	名 称	用途或符号解释	符 号	备 注
7.1.3	定位装置			
7.1.4	锁定装置			开锁的控制方法 符号表示在矩形内
7.1.5	弹跳机构			
7.2	控制方法			
7.2.1				
7.2.1.1		不指明控制方式时的一般符号		
7.2.1.2		按钮式		
7.2.1.3	人力控制	拉钮式		
7.2.1.4		按-拉式		
7.2.1.5		手柄式		
7.2.1.6		踏板式		单方向控制
7.2.1.7		双向踏板式		双向控制

项 目	名 称	用途或符号解释	符 号	备 注
7.2.2				
7.2.2.1		顶杆式		
7.2.2.2		可变行程控制式		
7.2.2.3	机械控制	弹簧控制式		
7.2.2.4		滚轮式		两个方向操纵
7.2.2.5		单向滚轮式		仅在一个方向上操纵 箭头可省略
7.2.3	电气控制			
7.2.3.1		电磁铁或力矩马达等		
7.2.3.1.1		单作用电磁铁		电气引线可省略 斜线也可朝向右下方
7.2.3.1.2	直线运动电气 控制装置	双作用电磁铁		
7.2.3.1.3		单作用可调电磁操纵器 （比例电磁铁、力矩马达 等）		
7.2.3.1.4		双作用可调电磁操纵器 （力矩马达）		
7.2.3.2	旋转运动电气 控制装置	电动机		
7.2.4	压力控制			
7.2.4.1				
7.2.4.1.1		加压或卸压控制		
7.2.4.1.2	直接压力控制	差动控制		如有必要，可将面积比表示 在相应的长方形中
7.2.4.1.3		内部压力控制		控制通路在元件内部
7.2.4.1.4		外部压力控制		控制通路在元件外部
7.2.4.2	先导控制 （间接压力控制）			

项 目	名 称	用途或符号解释	符 号	备 注
7.2.4.2.1	加压控制	液压先导控制		外部压力控制
		液压二级先导控制		内部压力控制 内部泄油
		电磁－液压先导控制		单作用电磁铁一次控制 液压外部压力控制 内部泄油
7.2.4.2.2	卸压控制	液压先导控制		内部压力控制 内部泄油
				内部压力控制 带遥控泄放口
		电磁－液压先导控制		单作用电磁铁一次控制、外部压力控制、外部泄油
		先导型压力控制阀		带压力调节弹簧 外部泄油 带遥控泄放口
		先导型比例电磁式压力控制阀		单作用比例电磁操纵器内部泄油
7.2.5	反 馈			
7.2.5.1	外反馈	一般符号		
		电反馈		电位器、差动变压器等位置检测器
7.2.5.2	内反馈	机械反馈		随动阀仿形控制回路

附表3 泵、马达和缸

序 号	名 称	符 号	备 注
C1.1	定量液压泵		
C1.1.1	单向定量液压泵		

续附表3

序　号	名　称	符　号	备　注
C1.1.2	双向定量液压泵		
C1.2	变量液压泵		
C1.2.1	单向变量液压泵		
C1.2.2	双向变量液压泵		
C1.3	定量液压马达		
C1.3.1	单向定量液压马达		
C1.3.2	双向定量液压马达		
C1.4	变量液压马达		
C1.4.1	单向变量液压马达		
C1.4.2	双向变量液压马达		
C1.7	摆动液压马达		
C1.8	单作用液压缸		
C1.8.1	单活塞杆液压缸	详细符号　简化符号	带弹簧

序　号	名　　称	符　　号	备　注
C1.8.2	单作用伸缩液压缸		
C1.9	双作用液压缸		
C1.9.1	单活塞杆液压缸	详细符号　　　简化符号	
C1.9.2	双活塞杆液压缸	详细符号　　　简化符号	
C1.9.3	不可调单向缓冲液压缸	详细符号　　　简化符号	
C1.9.4	可调单向缓冲液压缸	详细符号　　　简化符号	
C1.9.5	不可调双向缓冲液压缸	详细符号　　　简化符号	
C1.9.6	可调双向缓冲液压缸	详细符号　　　简化符号	
C1.9.7	双作用伸缩液压缸		
C1.10	气－液转换器	单程作用　　　连续作用	
C1.11	增压器	单程作用　　　连续作用	

附表 4　常用液压控制阀

序　号	名　称	符　号	备　注
C2.1	溢流阀		
C2.1.1	直动型溢流,也用作溢流阀一般符号		内部压力控制
			外部压力控制
C2.1.2	先导型溢流阀		带遥控口
C2.1.3	先导型电磁式溢流阀		
C2.1.4	先导型比例电磁式溢流阀		
C2.2	减压阀		
C2.2.1	直动型减压阀		也用作减压阀一般符号
C2.2.2	先导型减压阀		
C2.2.5	定比减压阀		减压比:1/3
C2.2.6	定差减压阀		
C2.3	顺序阀		

序　号	名　称	符　号	备　注
C2.3.1	直动型顺序阀,也用作顺序阀一般符号		内部压力控制 外部泄油
			外部压力控制 外部泄油
C2.3.2	先导型顺序阀		内部压力控制 外部泄油
C2.4	平衡阀 (单向顺序阀)		
C2.5	卸荷阀		
C2.5.1	直动型卸荷阀		也用作卸荷阀一般符号
C2.6	制动阀		
C2.7	节流阀		
C2.7.1	可调节流阀	详细符号　　　简化符号	无完全关闭位置,也用作节流阀一般符号
	不可调节流阀		
C2.7.2	可调单向节流阀		

序　号	名　称	符　号	备　注
C2.7.3	截止阀		具有一个完全关闭位置
C2.7.4	减速阀		滚轮控制可调节流阀
C2.7.5	带消声器的节流阀		
C2.8	调速阀		
C2.8.1	普通型调速阀	详细符号　　　简化符号	简化符号中的通路箭头,表示压力补偿,也用作调速阀一般符号
C2.8.2	带温度补偿的调速阀	详细符号　　　简化符号	
C2.8.3	旁通型调速阀	详细符号　　　简化符号	简化符号中的通路箭头,表示压力补偿
C2.8.4	单向调速阀	详细符号　　　简化符号	

序　号	名　称	符　号	备　注
C2.9	分流阀		
C2.10	集流阀		
C2.11	分流集流阀		
C2.12	单向阀	详细符号　　简化符号	无弹簧
		详细符号　　简化符号	带弹簧,弹簧可省略
C2.13	液控单向阀	详细符号　　简化符号	无弹簧,控制压力关闭阀
		详细符号　　简化符号	带弹簧,弹簧可省略 控制压力打开阀
C2.14	液压锁		

序　号	名　称	符　号	备　注
C2.15	或门型梭阀	详细符号　　简化符号	
C2.16	与门型梭阀	详细符号　　简化符号	
C2.18	换向阀		
C2.18.1	二位二通换向阀		常闭
			常开
C2.18.2	二位三通换向阀		
C2.18.3	二位四通换向阀		
C2.18.4	二位五通换向阀		
C2.18.5	三位三通换向阀		
C2.18.6	三位四通换向阀		
C2.18.8	三位五通换向阀		

序　号	名　称	符　号	备　注
C2. 18. 9	三位六通换向阀		
9. 1. 1	二位二通手动换向阀		常闭
9. 1. 2	二位三通电磁换向阀		虚线表示过渡位置
9. 1. 3	二位五通液动换向阀		
9. 1. 4	三位四通电液换向阀	详细符号 简化符号 	主阀： 三位 四通 弹簧对中 先导阀： 三位 四通 弹簧对中 单作用电磁铁控制 带手动应急控制装置 内部压力控制 外部泄油
C2. 19	四通电液伺服阀	 	带电反馈三级 二级

附录2　液压元件型号说明

A　公称压力为6.3 MPa 以下的液压阀型号说明 (JB2184—2007)

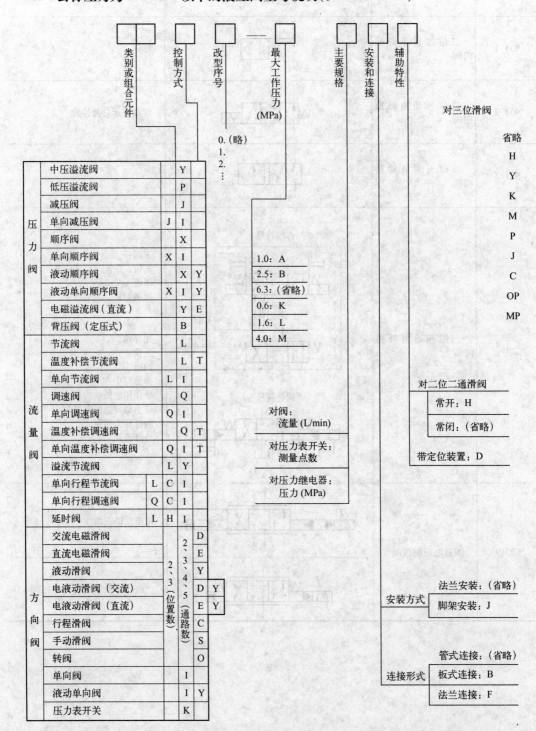

B 中、低压液压元件型号说明

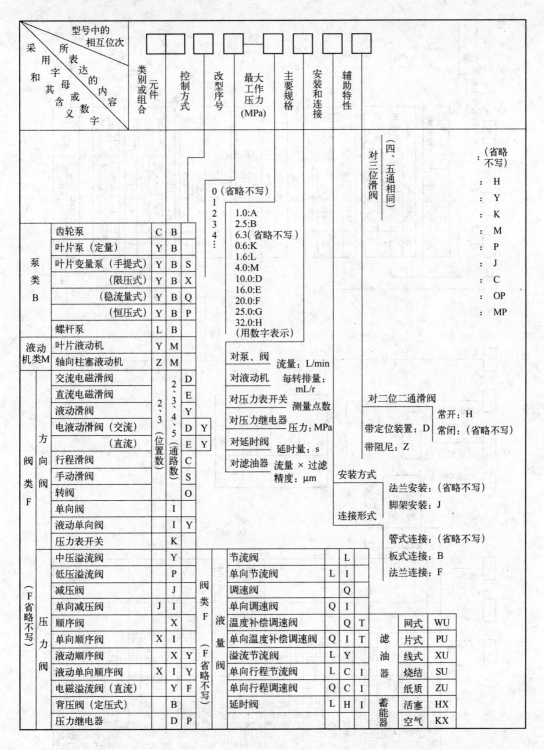

C 高压老系列液压阀型号说明

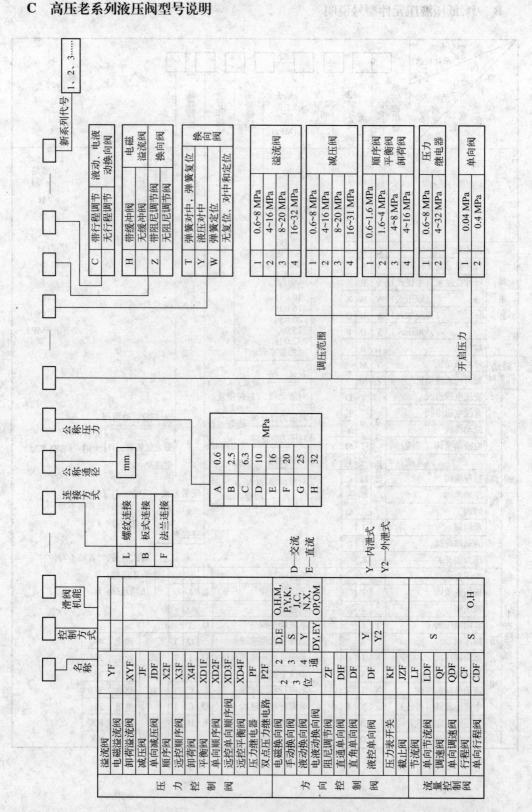

D　高压新系列液压阀型号说明

名称代号、结构代号、控制方式与机能对照

分类	名称	名称代号	结构代号	控制方式或机能
压力控制阀	溢流阀（包括远程调压阀）	Y	结构代号以0、1、2、3…表示，"0"省略	D、E　I₁、I₂　O、H
	电磁溢流阀	Y		
	卸荷溢流阀	H、Y		
	减压阀	J		Y
	单向减压阀	JA		
	内控顺序阀	X		
	外控顺序阀	X		Y
	卸荷阀	H		
	内控单向顺序阀	XA		
	外控单向顺序阀	XA		Y
	内控平衡阀	PH		
	外控平衡阀	PH		
	双接平衡阀	PH	2	
	单点压力继电器	PD	2	
	双点压力继电器	PD		
方向控制阀	电磁换向阀	D、E	2（位置数）3 2、3、4、5（通路数）	O、P　Y、H　X、J　C、N　K、M　OP
	液动换向阀	DY、EY		
	手动换向阀	Y、S		Y
	直通单向阀	A		
	直角单向阀	AJ		
	液控单向阀	A		
	截止阀	JZ		
	双阻尼调节阀	ZZ		
	压力表开关	K		
	限压压力表开关	XK		
流量控制阀	节流阀	L		
	单向节流阀	LA		O
	行程节流阀	LC		I
	单向行程节流阀	LCA		
	调速阀	Q		
	单向调速阀	QA		

压力等级　公称压力　H　32 MPa

弹簧调压（限压）范围或开启压力

溢流阀		减压阀		顺序阀		压力继电器		单向阀		限压压力表开关	
a	0.6~8 MPa	a	0.6~0.8 MPa	a	0.6~1.6 MPa	a	0.6~6.3 MPa	a	0.04 MPa	a	0.6~6.3 MPa
b	4~16 MPa	b	4~16 MPa	b	1.6~4 MPa	b	4~20 MPa	b	0.4 MPa	b	4~20 MPa
c	8~20 MPa	c	8~20 MPa	c	4~8 MPa	c	16~32 MPa			c	16~36 MPa
d	16~32 MPa	d	16~31 MPa								

公称通径　mm

连接方式

L	螺纹连接
B	板式连接
F	法兰连接

结构特征

H	带缓冲阀
T	弹簧对中、弹簧复位
Y	液压对中
W	带定位机构
C	带行程调节机构
ZZ	带双阻尼调节阀

改型序号　0、1、2、3…，"0"省略

注：控制方式中的D、E表示电磁铁使用的电流形式，即：D为直流电，E为交流电。干式电磁铁和湿式电磁铁以改型序号来区分。

E　逻辑阀(插装阀)的型号说明

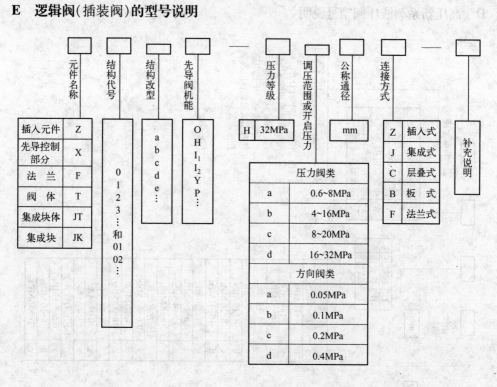

元件名称		结构代号	结构改型	先导阀机能	压力等级	调压范围或开启压力	公称通径	连接方式		补充说明

元件名称：

插入元件	Z
先导控制部分	X
法　兰	F
阀　体	T
集成块体	JT
集成块	JK

结构代号：0 1 2 3 … 和 01 02 …

结构改型：a b c d e …

先导阀机能：O H I₁ I₂ Y P …

压力等级：H　32MPa

压力阀类	
a	0.6~8MPa
b	4~16MPa
c	8~20MPa
d	16~32MPa
方向阀类	
a	0.05MPa
b	0.1MPa
c	0.2MPa
d	0.4MPa

公称通径：mm

连接方式	
Z	插入式
J	集成式
C	层叠式
B	板　式
F	法兰式

(仅供参考,以正式标准为准)

参 考 文 献

[1] 丛庄远,刘振北. 液压技术基本理论[M]. 哈尔滨:哈尔滨工业大学出版社,1988.

[2] 大连工学院机械制造教研室. 金属切削机床液压传动[M]. 北京:科学出版社,1985.

[3] 程啸凡. 液压传动[M]. 北京:冶金工业出版社,1982.

[4] 齐任贤. 液压传动和液力传动[M]. 北京:冶金工业出版社,1980.

[5] 清华大学精仪系液压教材编写组. 金属切削机床液压传动[M]. 北京:人民教育出版社,1978.

[6] 李寿刚. 液压传动[M]. 北京:北京理工大学出版社,1993.

[7] 关肇勋,黄奕振. 实用液压回路[M]. 上海:上海科学技术文献出版社,1982.

[8] 杨宝光. 锻压机械液压传动[M]. 北京:机械工业出版社,1981.

[9] 贾铭新,曹诚明. 液压传动与控制[M]. 哈尔滨:哈尔滨船舶工程学院出版社,1993.

[10] 贾培起. 液压传动[M]. 天津:天津科学技术出版社,1982.

[11] 王玉卿. 工程机械实用液体传动[M]. 北京:机械工业出版社,1993.

[12] 何存兴. 液压元件[M]. 北京:机械工业出版社,1981.

[13] 薛祖德. 液压传动[M]. 北京:中央广播电视大学出版社,1985.

[14] 毛信理. 液压传动和液力传动[M]. 北京:冶金工业出版社,1993.

[15] 陆望龙. 实用液压机械故障排除与修理大全[M]. 湖南:湖南科学技术出版社,1995.

[16] 屈圭. 液压与气压传动[M]. 北京:机械工业出版社,2002.

[17] 任占海. 液压传动[M]. 北京:冶金工业出版社,1998.

[18] 赵应樾. 液压泵及其修理[M]. 上海:上海交通大学出版社,1998.

[19] 许福玲. 液压与气压传动[M]. 武汉:华中科技大学出版社,2001.

冶金工业出版社部分图书推荐

书 名	作 者	定价(元)
冶金机械安装与维护(本科教材)	谷士强	24.00
液压传动与气压传动(本科教材)	朱新才	39.00
液压与气压传动实验教程(本科教材)	韩学军	25.00
电液比例伺服阀(本科教材)	杨征瑞	36.00
机械设备维修基础(高职教材)	闫嘉琪	28.00
液压传动(高职教材)	孟延军	25.00
工厂电气控制设备(高职教材)	赵秉衡	20.00
机械维修与安装(高职教材)	周师圣	29.00
采掘机械(高职教材)	苑忠国	38.00
采掘机械和运输(第2版)(中职教材)	朱嘉安	49.00
轧钢车间机械设备(中职教材)	潘慧勤	32.00
机械安装与维护(职教教材)	张树海	22.00
通用机械设备(职教教材)	张庭祥	25.00
热工仪表及其维护(职业教育培训教材)	张惠荣	26.00
冶炼设备维护与检修(职业教育培训教材)	时彦林	49.00
电气设备故障检测与维护(职业教育培训教材)	王国贞	28.00
轧钢设备维护与检修(职业教育培训教材)	袁建路	28.00
炼焦设备检修与维护(职业教育培训教材)	魏松波	32.00
干熄焦生产操作与设备维护(职业教育培训教材)	罗时政	70.00
液压可靠性与故障诊断(第2版)	湛从昌	49.00
液力偶合器使用与维护500问	刘应诚	49.00
液力偶合器选型匹配500问	刘应诚	49.00
加热炉基础知识与操作	戚翠芬	29.00
冶金液压设备及其维护	任占海	35.00
液压传动技术	肖龙	20.00
冶金通用机械与冶炼设备	王庆春	45.00
机械制造装备设计	王启义	35.00
矿山工程设备技术	王荣祥	79.00